移动计算环境信息服务系统优化研究

陈　君/著

科学出版社

北京

内 容 简 介

本书分别从信息广播和信息缓存管理两个角度研究信息系统的服务优化问题。针对多种信息需求环境，对信息广播服务和信息缓存管理问题进行理论构建以及策略设计。为优化信息广播系统和改善无线环境信息服务质量提供了较为全面的理论、算法和实验研究。本书既包括深刻的理论探索和优化算法设计，也拥有丰富的实验结果。所设计的信息广播算法和缓存管理算法能够极大地优化移动计算环境信息服务效率。

本书不仅能为开展信息服务优化研究的广大计算机专业、信息管理专业师生提供新的设计思路和理论基础，也能为优化移动信息服务的系统工程师及设计人员提供理论指导和实施思路。

图书在版编目（CIP）数据

移动计算环境信息服务系统优化研究/陈君著. —北京：科学出版社，2017.11

ISBN 978-7-03-055038-5

Ⅰ．①移…　Ⅱ．①陈…　Ⅲ．①移动通信-计算-信息系统-系统优化-研究　Ⅳ．①TN929.5

中国版本图书馆 CIP 数据核字(2017)第 264307 号

责任编辑：徐　倩 / 责任校对：王晓茜
责任印制：吴兆东 / 封面设计：无极书装

科 学 出 版 社 出版
北京东黄城根北街 16 号
邮政编码：100717
http://www.sciencep.com

北京建宏印刷有限公司 印刷
科学出版社发行　各地新华书店经销

*

2017 年 11 月第 一 版　开本：720 × 1000　1/16
2018 年 1 月第二次印刷　印张：12 1/4
字数：234 000

定价：86.00 元
(如有印装质量问题，我社负责调换)

前　言

信息广播是移动计算环境中信息服务的主要方式。它不但能以较小的代价解决大量移动用户访问的问题,而且有利于维护数据的新鲜性和有效性。随着移动智能设备的普及,各种互联网应用层出不穷,移动客户端对信息的需求量成倍增长。如何为移动客户端提供优质的信息服务是移动计算环境信息服务的主要研究问题。为了全面、系统地研究信息广播服务优化问题,作者于 2007 年起至今,与香港城市大学的李仲诚、重庆大学的刘凯,以及华中科技大学的李剑军等一起开展了信息广播服务的相关研究。

本书研究移动计算环境信息服务系统优化问题,为研究信息广播系统理论和改善无线环境信息服务问题提供全面的理论、算法和实验研究。本书的主要特点在于较为完整地描述了不同信息需求下信息服务优化问题的理论建模、相关广播信息的调度以及缓存管理方案的研究。首先,本书研究方法较为系统,涉及的每一个优化问题均包含理论建模、算法设计以及实验评价等步骤。其次,由于移动终端应用对信息需求存在多样性,移动计算环境的信息服务优化问题不能笼统单一地展开,所以本书分别探讨移动计算环境单数据项和实时多数据项信息的服务优化问题,具有较强的针对性。最后,本书是第一本同时从信息广播调度和移动终端缓存管理两个角度探讨融合网络编码的信息服务优化问题的专著,书中提供的网络编码策略、信息广播策略、缓存信息管理策略均附带详细的设计步骤、伪代码及实例分析。

信息广播策略和信息缓存策略是制约信息服务系统效率最主要的两个因素。因此,本书分别从信息广播和信息缓存两个角度研究信息系统的服务优化问题。

本书共分九章。

第一章绪论,概述国内外关于移动计算环境信息服务系统中的信息调度与缓存管理相关研究及其不足,提出本书的研究内容。

第二章移动计算环境信息服务研究的理论基础,包括移动计算环境信息广播服务基础框架、信息广播服务优化理论基础以及面向无线网络的网络编码理论。

第三章移动计算环境信息服务研究的方法论,包括信息广播服务评价方法、信息缓存服务评价方法以及信息广播服务系统仿真方法。

第四章移动计算环境动态信息广播调度算法比较,深入分析信息广播服务中的六种动态信息广播调度算法特征,通过仿真实验和一系列性能评价指标分析比较现存数据调度算法处理实时多数据项请求的性能。实验结果显示，以往大部分数据调度算法在处理实时多数据项请求时会导致大多数请求产生"饥饿"问题，它是导致算法性能下降的根本原因。最后本章提出三种解决"饥饿"问题的可行方案。

第五章实时多数据项信息广播调度方案，对信息广播服务中的实时多数据项请求广播调度问题进行理论建模，进一步揭示"饥饿"问题会导致请求截止期错失率增加从而使广播带宽利用率下降的原因。基于此，设计三种适用于实时多数据项请求的广播调度算法。仿真实验不仅对三种新算法的性能进行分析与比较，而且将其与五种经典算法进行比较。设计的 PTIU 算法能有效避免多数据项请求出现饥饿问题，其性能在整个测试范围内优于其他算法。

第六章融合网络编码技术的信息服务问题构建及编码策略设计，构建网络编码辅助的信息服务系统框架，对融合网络编码的信息广播服务中的编码及解码问题和缓存管理问题进行理论建模与分析，建立一种弹性更好、效率更高的网络编码方法。

第七章基于网络编码技术的信息广播调度方案，结合第六章建立的网络编码方法，分别针对单数据项请求环境、多数据项请求环境、非实时信息广播环境以及实时信息广播环境设计融合网络编码的信息广播调度方案。设计的信息广播调度方案根据不同数据请求的特征，选择合适的信息广播调度策略，并有机融合调度和网络编码过程，使其具有最大化整体服务能力。仿真实验结果显示，与传统无编码的广播调度方案相比，本章设计的信息广播调度方案不仅能适应各种环境参数的变化，有效降低请求响应时间达 30%以上，而且计算复杂度较小，实施可行性较高。

第八章基于网络编码技术的缓存信息管理方案，通过分析客户端利用缓存信息对服务器广播的编码包进行解码的过程发现，考虑解码贡献有助于提高解码率，从而提高网络编码的效率，提升信息服务的质量。利用全局数据访问模式，考虑存储一些能成功解码而未被请求的数据项可能有助于提高缓存的命中率，进而提高信息服务的质量，分别设计两种基于网络编码感知的缓存访问控制与替换策略。仿真实验结果显示，所设计的缓存管理方案在多种参数环境下优于其他高速缓存管理方案，可提升信息广播服务效率达 40%，揭示所设计的缓存管理方案对缓存空间进行分区的有效性，利用全局数据访问模式和解码贡献辅助客户端做出缓存替换决策的正确性。

第九章总结与展望，归纳研究移动计算环境信息服务系统优化问题的意义以及用途，总结所建立的信息服务系统优化的方法体系，指出研究的不足之处以及未来的研究方向。

本书由陈君负责内容框架制定、全书大部分内容的撰写以及全稿的审定。李仲诚参与了第五章、第七章和第八章关于信息广播调度方案以及缓存信息管理方案的设计，詹成参与了第六章融合网络编码的信息广播服务理论建模与网络编码策略的设计，刘凯和李剑军参与了第八章基于网络编码的缓存管理问题理论建模与分析。在此表示感谢。

本书是国家自然科学基金青年科学基金项目"从现实到虚拟：基于消费地点情境的网络社区口传机制研究"（71202120）的成果之一，并得到国家社会科学基金重大项目（16ZDA039）、武汉大学青年学者创新团队项目（2016013）的资助。在此一并表示感谢。

限于作者水平，书中疏漏或不足之处在所难免，恳请读者批评指正。

陈　君

2017 年 6 月于武汉大学

目　　录

第一章 绪 论

第一节 研 究 背 景

随着移动通信、互联网、数据库、分布式计算等技术的发展，一种全新的计算模式——移动计算模式成为现实。移动计算是一个多学科交叉、涵盖范围广泛的新兴技术，是计算技术研究中的热点领域，被认为是对未来具有深远影响的四大技术方向之一。移动计算技术使计算机或其他信息智能终端设备在无线环境下实现数据传输及资源共享，它的作用是将有用、准确、及时的信息提供给任何时间、任何地点的任何客户[①]。从信息服务的角度来看，移动计算实际上是如何向分布在不同位置的移动用户(包括手提电脑、掌上电脑、移动电话、传呼机等)提供优质的信息服务(信息的存储、查询、计算等)[②]。设计出的数据库系统能安全、快速、有效地向各种用户终端设备提供数据服务。

与传统的分布式计算相比，移动计算环境所特有的移动性、网络差别性等都给人们对信息的访问提出了挑战。在嵌入式移动计算环境中，移动客户端经常处于断接状态，且客户端与服务器之间通信信道的网络带宽不对称。通常服务器到客户端方向的下行信道带宽较大，而客户端向服务器传送信息的上行信道带宽有限。因为采用传统技术实现数据密集型应用很困难，所以如何在移动计算环境中实现大规模移动用户随时随地访问数据是一个真正的挑战。当前移动计算环境信息服务系统主要是利用上下行网络的非对称性，把大多数移动客户端用户频繁访问的热点数据以一定的方式组织起来，以周期性广播的形式主动提供给移动客户端访问[③]。服务器的广播开销不会依赖于移动用户数量的变化而变化，这样可以以较小的代价解决大量移动用户访问的问题。因此，信息广播是解决移动数据库系统用户规模庞大及网络通信非对称性等问题的一个有效方法，在公共信息发布和军事应用领域有着很好的应用前景。在公共信息发布的应用中，如天气信息系统、电子商务系统、交通控制信息系统等，分布广泛的数据库系统通过广播向移动客

---

① Fernando N，Loke S W，Rahayu W. Mobile cloud computing：A survey. Future Generation Computer Systems，2013，29(1)：84-106.

② Byun S，Moon S. Resilient data management for replicated mobile database systems. Data and Knowledge Engineering，1999，29(1)：43-55.

③ Chung K Y，Yoo J，Kuinam J K. Recent trends on mobile computing and future networks. Personal and Ubiquitous Computing，2014，18(3)：489-491.

户端发布数据，移动客户端侦听广播信道，当数据到来时，客户端读取所需的数据。这种应用特征是少量的服务器和对相似数据感兴趣的广泛的客户端。通过广播，即使处于断开状态下的移动用户也可以选择接收从服务器发送的广播信息。某些存储在移动数据库系统中的数据信息，如道路的当前交通信息、城市的当前天气概况等敏感信息，需要频繁地进行更新。对于移动用户，获取最新的数据非常重要，访问过时的信息毫无意义。因此，信息广播更有利于维护数据的新鲜性和有效性。如何为移动客户端提供优质的服务是移动计算环境信息广播服务系统一直研究的问题。随着移动智能设备的普及，各种互联网应用层出不穷，客户端对信息需求量成倍增长。虽然目前已有较多成熟的信息广播调度方案以及信息缓存方案来提升信息广播系统的服务质量，但是信息爆炸对服务器的服务能力的挑战前所未有。首先，客户端需求的信息种类繁多，要求各异，目前服务器暂时无法采取统一的策略来处理这些信息。所以，必须针对不同类型的信息，设计满足客户需求的信息服务方案。其次，暴增的信息需求大大超过了服务器的服务能力，如何快速提高服务效率是迫切需要解决的问题。本书旨在从服务器调度策略和客户端缓存管理两个方面系统地研究移动计算环境信息服务系统的服务优化问题。该研究具有重要的现实意义。

(1)有助于完善移动计算环境数据广播算法。针对移动计算的特点，学者已着手对信息服务系统的数据广播策略展开研究并取得了很多研究成果[1~3]。其中，研究的核心问题是服务器选择广播哪些数据和采用何种方式来广播数据[45]。如何有效地减少用户的等待时间、提高服务成功率一直是学者研究和探讨的问题。数据广播技术体现了移动计算的主要特点，对它进行深入研究，不仅能有效支持移动计算中的数据库访问需要，而且有助于探讨移动计算的本质。随着移动终端应用的快速发展，用户对各类信息的需求不断增加。例如，通过智能手机的证券交易系统终端查询某些股票的行情，这时移动终端用户会要求从信息服务系统的服务器中获取多个互相关联且都带有时间限定的股票行情数据。这类数据往往是"短暂"的，即它们有一定的有效时间，也称为实时数据。只有客户端在有效时间内

---

① Hameed S，Vaidya N H. Efficient algorithms for scheduling data broadcast. Wireless Networks，1999，5(3)：183-193.

② Xu J，Lee D L，Hu Q，et al. Data Broadcast(Handbook of Wireless Networks and Mobile Computing). New York：John Wiley & Sons，2002：243-265.

③ Acharya S，Franklin M，Zdonik S. Balancing push and pull for data broadcast. ACM SIGMOD Record，1997，26(2)：183-194.

④ Datta A，van der Meer D E，Celik A，et al. Broadcast protocols to support efficient retrieval from databases by mobile users. ACM Transactions on Database Systems(TODS)，1999，24(1)：1-79.

⑤ Hu Q，Lee W C，Lee D L. A hybrid index technique for power efficient data broadcast. Distributed and Parallel Databases，2001，9(2)：151-177.

同时收到被请求的几个关联信息,信息才被认为有效,服务才算完成。超时的股票行情数据无效,因为过时数据无法帮助用户做出正确的决策或推导。类似于股票行情查询的实时多数据项信息需求在移动终端应用中较为普遍,这些数据请求通常都附带服务截止期,要求信息服务器在服务截止期内完成处理。实时多数据项是目前移动终端应用广泛使用的信息,为了更好地为移动终端提供服务,信息服务系统的服务器必须尽量在各种信息的服务截止期内向移动终端提供它们需要的数据。因此,有必要对实时多数据项信息的请求与广播调度策略进行深入研究,为进一步优化信息服务系统奠定基础。

(2)有助于完善移动计算环境信息服务系统数据广播与缓存管理相关的理论研究。随着各种移动智能设备的普及,移动终端应用单位时间内对信息的需求量增加了数倍。传统数据广播相关理论模型指出,当单位时间内数据需求量急剧增加时,系统负载会逐步增加,此时数据广播服务效率会明显降低并恶化。这意味着面对有限的下行带宽和服务能力,传统数据广播服务无法应对当前移动终端日益增加的信息需求,不能为它们提供优质的服务。因此,有必要从理论构建上分析传统数据广播系统存在的问题,解决传统数据广播系统的研究瓶颈,分析并构建新的数据广播理论及信息管理策略等,为今后信息服务系统优化研究提供理论指导。

(3)为移动计算环境信息服务系统开发者提供理论支撑、设计思路及方法。系统开发者的初衷是研发开销小且服务优质的信息服务系统。通过深入分析及阐述移动计算环境信息服务系统各个核心环节理论构建、调度算法设计及优化问题,为移动计算环境信息服务系统开发者提供理论指导、拓展算法设计思路、优化数据广播调度算法及缓存算法等。

综上所述,对移动计算环境信息服务系统进行研究具有重要意义。本书旨在建立一套较为完整的移动计算环境信息服务系统优化方法,为无线环境信息服务优化问题提供较为全面的理论、算法和实验研究。

第二节 国内外相关研究

国内外关于移动计算环境信息服务系统的相关研究主要分为四个方面,即传统数据广播调度算法研究、传统缓存管理算法研究、基于网络编码的广播调度算法研究与缓存管理研究。

一、移动计算环境与移动数据库

随着蜂窝通信技术、无线局域网、无线互联网、卫星通信技术的飞速发展,移动用户数量空前扩张,移动用户希望能随时随地访问任意数据。可以预见,在不久的将来，越来越多的用户会通过移动计算机和无线终端设备来访问网络上的信息资源。相对分布式计算，这是一种更加灵活、复杂的分布式计算环境，称为移动计算环境[1]。移动计算环境是移动设备通过无线或固定网络与固定或移动设备连接的计算环境。移动计算环境比分布式系统更复杂，使传统的数据库领域的查询和事务处理等问题与查询客户的物理位置、网络连接情况，甚至电源供应等问题密切相关[2]，因此传统的分布式数据库不能有效地支持移动计算环境。传统的分布式计算环境中，所有的终端都是通过固定网络和网络主机连接，只要开机就能登录网络，具有持续连接性。

分布式计算环境中，主机的位置基本上固定不变，主机的地址信息是已知的，各个终端的网络通信具有对称性。而移动计算不同于传统的分布式计算，移动计算节点同时包含位置固定的节点和移动的节点。用户可以携带移动设备自由移动，并在移动过程中通过移动通信网络与固定节点或者移动节点建立连接以及交换信息。这种计算模式可以满足移动用户在任何时间以及任何地点访问数据的要求，使人们能够更加方便地访问各种信息。在移动计算环境中，最突出的特征是设备的移动性。移动设备不必有固定的位置和网络地址，可以在不同位置与网络建立连接，并在移动时保持网络连接不中断。这种计算平台的移动性可能导致系统访问布局变化和资源迁移[3]。移动设备的移动性使不同时间可用的网络条件(网络带宽、通信代价、服务质量、网络延迟等)呈现不同的特性。移动设备既可以连入高速的固定网络，也可以同低带宽的无线设备连接，在不能覆盖的地方，也可能处于断接状态。这些不同的连接表现为网络协议、带宽、可靠性等的巨大差异。另外，无线连接是一种弱连接，即低带宽、长延迟、不稳定和经常性断开(移动设备在移动过程中，由于使用方式、电源、无线通信费用、网络条件等因素的限制，一般都不采用保持持续联网的工作方式，而是采用主动或者被动的间歇性与网络连接或者断开)，且这种不稳定性是不可预测的。与分布式网络相比，无线网络通信非对称且移动设备资源有限[4]。移动计算环境中固定服务器节点可以拥有强大的发送设备，而移动设备的发送能力有限，所以导致下行链路(服务器到移动设备)的通信带宽与代价比上行链路(移动设备到服务器)高很多。研究表明，传统的分布式计算技术不能满足移动计算环境，必须对其进行扩充和改造。目前移动计算

① 何新贵，唐常杰，李霖，等. 特种数据库技术. 北京：科学出版社，2000.

② Barbara D. Mobile computing and databases—A survey. IEEE Transactions on Knowledge and Data Engineering，1999，11(1)：108-117.

③ MacKenzie I S，Soukore R W. Text entry for mobile computing：Models and methods. Theory and Practice，Human-Computer Interaction，2002，17(2-3)：147-198.

④ Baccarelli E，Cordeschi N，Mei A，et al. Energy-efficient dynamic traffic offloading and reconfiguration of networked datacenters for big data stream mobile. IEEE Network，2016，30(2)：54-61.

研究已成为一门独立的学科，覆盖许多研究领域的课题，如应用层的各种无线软件技术，移动联网的数据链路层、网络层、传输层等技术①。

由于移动数据管理的复杂性以及计算平台(操作系统和网络协议)的多样性，移动计算环境下的应用开发需要支撑软件来管理和传递数据，并提供统一的应用程序接口(application program interface，API)。这些需求的出现使移动数据库技术成为移动计算技术的基础和核心。由于移动计算环境具有鲜明的特点，即移动性、断接性、低带宽和网络环境多样性、弱连接性、可伸缩性、网络通信的非对称性、计算资源和电源的局限性等，这些环境特点限制了许多传统数据库技术在移动环境下的应用，决定了移动环境下数据库技术的不同解决方案。由于 CPU、存储器计算资源的局限，移动数据库又兼有嵌入式数据库的特点。

移动数据库技术是支持移动计算环境的分布式数据库，涉及数据库技术、分布式计算技术、移动通信技术等多个学科领域，目前已成为分布式数据库研究的一个新方向。通常，移动数据库包含以下两层含义：一是用户在移动时可以存取后台数据库；二是用户可以携带后台数据库的副本移动并周期性地与后台数据库同步。典型的移动数据库结构主要包括数据库服务器(database server，DBSVR)、移动支持节点(mobile support station，MSS)、移动交换中心(mobile switching center，MSC)、基站(base station，BS)、移动终端客户机(mobile client，MC)等。在移动计算环境中，高速固定网络部分构成连接固定节点的主干。固定网络中拥有若干 MSS，每个MSS 负责建立一个无线网络单元，单元内的移动计算设备与 MSS 之间通过无线网络连接。这些无线网络单元覆盖范围取决于它们采用的无线通信技术，例如，WLAN单元的覆盖直径约为几百米，而只需采用几个卫星通信的无线网络单元即可覆盖整个地球。相对于可靠性不高的无线网络单元，可信部分由固定网络及网络上固定主机组成。其中固定主机又可分为两类，一类是不带无线通信接口的数据库服务器，另一类是带有无线通信接口的同步服务器。总之，移动数据库是移动客户端内置的数据库管理系统，是服务器所维护的数据库的子集，它从服务器中获得子集所需要的数据，并将本地所做的更新提交给服务器②。

随着移动通信技术的进步和商业的普及，移动数据库成为现实人们关注的焦点。因此，无论从移动计算的角度，还是从数据库领域的角度，移动数据库技术已成为一个研究热点，引起了越来越多研究人员的关注③④。在移动数据库领域，

① Chung K，Yoo J，Kim K J. Recent trends on mobile computing and future networks. Personal and Ubiquitous Computing，2014，18(3)：489-491.

② 魏峻，冯玉琳. 移动计算形式理论分析与研究. 计算机研究与发展，2000，37(2)：129-139.

③ Moiz S A，Pal S N，Kumar J，et al. Concurrency control in mobile environments：Issues and challenges. International Journal of Database Management Systems，2011，3(4)：147-159.

④ Swaroop V，Shanker U. Mobile distributed real time database systems：A research challenges. Proceedings of International Conference on Computer and Communication Technology(ICCCT)，2010：421-424.

国外的一些著名研究机构，如美国罗格斯大学、普渡大学、马里兰大学、卡内基·梅隆大学以及澳大利亚莫纳什大学等在许多方面取得了开创性的成果。这些工作主要围绕移动查询技术、数据复制/缓存技术、数据广播技术、移动事务处理技术、移动代理技术等展开。目前，在现有数据库系统上修补以适应移动计算需求的数据库技术一般都可归为移动代理技术，采用的是客户/代理/服务器三层结构。移动代理的思想是让代理在网络中移动到其他节点上，代理执行以完成某些功能，它是分布式计算和人工智能技术相结合的产物。在国内，由长沙国防科技大学周兴铭院士主持的研究组较早地开始对移动计算中缓存替换策略、位置相关查询策略、数据广播策略等方面进行比较详细的研究。他们提出了移动数据库系统的三级复制体系结构，并对数据广播进行了深入研究[1][2]，设计了启发式多盘调度算法，其工作主要集中在对传统复制技术的改造以适应移动数据库的需求。移动数据库是一个富于挑战性的研究领域，在移动数据库中需要考虑许多传统计算环境下不需要考虑的问题。为了实现移动数据库，必须解决移动计算环境中断接性、移动性、通信的不对称性等因素对数据库系统的影响。特别要关注移动数据库中数据复制/缓存技术、数据广播技术、移动事务处理技术、位置相关数据查询处理技术等的研究，这对移动数据库的发展具有特别意义。

复制技术是移动计算环境中的早期研究热点之一，目的是根据当前移动客户的分布与访问情况，动态调整数据复制布局和策略，使移动用户可以就近访问所有数据，从而减少网络流量，提高访问性能。复制技术的优势在于数据有多个副本，存放在不同位置，当其中一些位置出现软硬件故障时，其他位置的数据副本仍然可被存取，从而提高系统的可靠性。另外，多副本可以进行不同场地的并行处理，加快系统响应速度，有利于负载均衡。最后，用户可以选择本地或者附近副本进行操作，降低网络通信开销。当然，复制技术的主要问题是保证多副本之间的数据一致性。同样，缓存也是传统分布式系统中提高性能的关键技术。移动终端设备通信费用高以及自身电池容量的限制导致移动终端设备不能像固定设备那样频繁地向服务器获取信息。为了节省网络带宽及延长续航时间，移动终端设备总是希望尽量高效利用自身内存的数据来满足用户的需求。移动设备也受缓存空间容量的限制，如何对缓存数据进行有效管理，提高缓存的使用率，是移动计算环境缓存管理的主要内容。另外，由于移动用户与网络之间存在频繁断接，还需要考虑如何维护移动终端和服务器的数据一致性问题[3]。因此，移动环境下缓

---

① 李霖，周兴铭. 非对称网络环境中数据广播的启发式多盘调度算法. 计算机学报，1999，22(1)：45-50.

② 李霖，周兴铭. 非对称网络环境中数据广播的带索引多盘调度算法. 计算机研究与发展，1999，36(2)：219-224.

③ Mazumdar S, Chrysanthis P K. Achieving consistency in mobile databases through localization in PRO-MOTION. Proceedings of the 10th International Workshop on Database and Expert Systems Applications，1999：82-89.

存策略的设计目标是在减少网络开销的前提下，尽可能满足更多移动终端用户的信息请求。移动环境下的早期缓存研究主要面向文件系统[①]和移动数据库[②]。近年来，随着流媒体技术的发展，移动终端用户对多媒体数据的需求增长迅速。如何缓存这类数据并向移动用户提供较好的音频、视频服务是学者持续关注的问题。因此，目前移动终端的缓存研究主要围绕移动终端流媒体数据的缓存策略展开[③~⑤]，把移动终端用户的体验作为缓存策略评价的主要指标[⑥]。虽然移动数据复制技术是支持移动设备断接操作的一种有效办法，但是因为必须保存大量数据副本和保证副本间数据的一致性，所以其应用局限性较高。在很多情况下，直接通过访问数据库服务器来获取数据是一种更为理想的信息存取方式。这种信息访问方式所用到的技术称为移动事务处理技术。与传统分布式事务处理模型相比，在移动环境下，由移动终端发起的事务称为移动事务。根据移动计算环境特征，移动事务处理应注意减少因断接造成的事务丢弃，保证固定和移动主机上共享数据操作的正确性，减少事务阻塞来提高操作的并发性。另外，提高移动事务的自治性也有助于在移动主机断接时继续事务执行。在有限的通信带宽以及频繁断接操作的影响下，移动事务通常属于长事务。在移动事务执行的过程中，移动终端位置的改变还会带来复杂的过区切换问题，这时移动事务执行过程更容易出错，使事务控制难度加大[⑦]。人们对移动事务的移动性和长事务特性等进行了较为深入的研究，并且提出很多研究模型[⑧⑨]。移动事务模型的关键在于对移动性的处理，当移动主机跨越蜂窝进行控制交接时，事务的执行要做特殊处理。典型的事务模型有集群事务模型[⑩]、**Kangroo** 事务

① Froese K W, Bunt R B. Cache management for mobile file service. The Computer Journal, 1999, 42(6): 442-454.

② Cao G. Proactive power-aware cache management for mobile computing systems. IEEE Transactions on Computers, 2002, 51(6): 608-621.

③ Mitra K, Zaslavsky A, Åhlund C. Context-aware QoE modelling, measurement, and prediction in mobile computing systems. IEEE Transactions on Mobile Computing, 2013, 14(5): 920-936.

④ Wang X, Chen M, Taleb T, et al. Cache in the air: Exploiting content caching and delivery techniques for 5G systems. IEEE Communications Magazine, 2014, 52(2): 131-139.

⑤ Paul P V, Rajaguru D, Saravanan N, et al. Efficient service cache management in mobile P2P networks. Future Generation Computer Systems, 2012, 29(6): 1505-1521.

⑥ Zhang W, Wen Y, Chen Z, et al. QoE-driven cache management for HTTP adaptive bit rate streaming over wireless networks. IEEE Transactions on Multimedia, 2013, 15(6): 1431-1445.

⑦ Zhang Y, Kambayashi Y, Jia X, et al. On interactions between co-existing traditional and cooperative transactions. International Journal of Cooperative Information Systems, 1999, 8(2): 87-109.

⑧ Serrano P, Claudia A, Roncancio C, et al. A survey of mobile transactions. Distributed and Parallel Databases, 2004, 16(2): 193-230.

⑨ Choi H J, Jeong B S. A timestamp-based optimistic concurrency control for handling mobile transactions. Proceedings on International Conference on Computational Science and Its Applications(ICCSA), 2006, 3981: 796-805.

⑩ Pitoura E, Bhargava B. Maintaining consistency of data in mobile distributed environments. Proceedings of the 15th International Conference on Distributed Computing Systems, 1995:404-413.

模型[①]、自适应移动事务模型[②]、MOFLEX 事务模型[③]等。这些模型都对事务的原子性(atomicity)、一致性(consistency)、隔离性(isolation)以及持久性(durability)做了折中或者重新定义,不能完全保证事务的可串行性和数据库的一致性。

移动计算环境中,每个 MSS 负责建立一个无线网络单元,并为这个无线网络单元内的所有移动终端提供信息服务功能。一方面,如何实现大规模移动用户随时随地通过 MSS 访问数据是移动计算环境研究最关注的问题;另一方面,在一个无线单元内,服务器到移动终端设备的下行通信带宽要远大于从移动终端设备到服务器的上行通信带宽,而且移动终端设备从服务器接收数据的开销也远小于发送开销。移动设备只有很小的存储能力,为了支持大量移动终端设备并发访问服务器上的数据,人们提出使用服务器向空中广播数据,移动终端设备从空中获取数据,这种新的数据发送方式称为数据广播。数据广播与传统的联机数据请求方式相比:首先,具有很好的可伸缩性,因为服务器广播数据的开销与接收广播数据的移动终端设备的个数无关,所以数据广播能够以很小的代价支持大量移动终端设备同时访问数据,广播的接收者(移动终端设备)只要在信号覆盖范围内移动就不影响广播数据的接收;其次,服务器不需要对数据进行缓存,不需要预测未来的数据请求,这种特点在移动环境下尤其引人注目;再次,数据广播能节省有限带宽,移动终端设备从数据广播中获取数据,可以避免或减少向服务器发送数据请求而产生的网络通信量;最后,数据广播便于发送新数据,即使移动终端设备事先不知道这些数据的存在,服务器也可以利用数据广播,将新生成的数据发送给移动终端设备。

数据广播技术在公共信息发布、军事应用等领域有着很好的应用前景。其中最主要的研究课题是服务器如何根据移动终端设备的访问概率分布生成最适合移动终端设备访问的广播程序,即数据广播调度问题[④]。移动计算环境自身对于带宽以及电能限制的特性,使数据广播调度问题的研究主要集中于提高数据访问效率和降低移动终端设备在访问数据时的电能消耗问题[⑤~⑧]。因此,针对这两大问题,衡量

① Dunham M H,Helal A,Balakrishnan S. A mobile transaction model that captures both the data and movement behavior. Mobile Networks and Applications,1997,2(2):149-162.

② Rakotonirainy A. Adaptable transaction consistency for mobile environments. The 9th International Workshop on Database and Expert Systems Applications,1998:440-445.

③ Ku K I,Kim Y S. Transaction model for mobile heterogeneous multi database systems. Proceedings of the 10th International Workshop on Research Issues in Data Engineering,2000:39-45.

④ Xu J,Lee D L,Hu Q,et al. Data Broadcast(Handbook of Wireless Networks and Mobile Computing). New York:John Wiley & Sons,2002:243-265.

⑤ Datta A,van der Meer D E,Celik A,et al. Broadcast protocols to support efficient retrieval from databases by mobile users. ACM Transactions on Database Systems(TODS),1999,24(1):1-79.

⑥ Yao Y,Tang X,Lim E P,et al. An energy-efficient and access latency optimized indexing scheme for wireless data broadcast. IEEE Transactions on Knowledge and Data Engineering,2006,18(8):1111-1125.

⑦ Singhal C,De S,Trestian R,et al. Joint optimization of user-experience and energy-efficiency in wireless multimedia broadcast. IEEE Transactions on Mobile Computing,2014,13(7):1522-1535.

⑧ Chen J,Lee V,Liu K,et al. Efficient processing of requests with network coding in on-demand data broadcast environments. Information Sciences,2013,232:27-43.

数据广播调度性能的参数主要有两个：访问时间(access time)和调谐时间(tuning time)。访问时间是指从移动终端设备提出数据访问请求开始，直到移动终端设备得到所需数据的时间。访问时间决定移动终端设备数据查询的响应时间，其一般作为系统响应时间的衡量标准，用来反映数据广播系统的服务效率。这方面的研究主要根据数据项的访问概率，在一个广播周期内如何安排组织数据项出现的频次和具体位置，使移动终端客户所请求数据的平均访问时间达到最小[1~4]。调谐时间是指在完成一个访问请求期间，移动终端客户保持侦听广播的总时间。调谐时间决定移动终端客户侦听数据广播时的电源损耗，一般将其作为数据访问消耗电源的衡量标准。这方面的研究主要围绕如何优化调谐时间来减少移动设备的电源损耗展开[5][6]。

二、移动计算环境数据广播技术研究

(一)数据广播关键技术

移动计算环境是一种典型的无线通信环境。无线通信的非对称性主要表现在两个方面：一是通信网络的信道带宽非对称，在大部分通信网络(无线网络、有线电视网络等)中，从服务器到客户端方向的下行信道带宽远远大于客户端到服务器上行信道带宽；二是工作负荷不对称，在客户端/服务器结构中，服务器要响应大量客户端的服务请求，往往承担比客户端大得多的工作负荷。因此，数据广播技术对于提高非对称通信环境下信息服务质量非常有效。数据广播技术的研究始于 20 世纪 90 年代初期，是移动计算环境中一个较为热门的研究课题。它综合了移动计算技术和移动数据库技术，利用移动计算环境中无线通信的非对称性特点，由服务器组织大多数用户频繁访问的"热点数据"，以周期性

① Acharya S，Franklin M，Zdonik S. Balancing push and pull for data broadcast. ACM SIGMOD Record，1997，26(2)：183-194.

② Hameed S，Vaidya N H. Efficient algorithms for scheduling data broadcast. Wireless Networks，1999，5(3)：183-193.

③ Chen J，Lee V，Liu K，et al. Efficient processing of requests with network coding in on-demand data broadcast environments. Information Sciences，2013，232：27-43.

④ Chen J，Lee V，Liu K，et al. Efficient cache management for network coding assisted data broadcast. IEEE Transactions on Vehicular Technology，2017，66(4)：3361-3375.

⑤ Azari A. Energy-efficient scheduling and grouping for machine-type communications over cellular networks. Ad Hoc Networks，2016，43：16-29.

⑥ Zhong J，Wu W，Shi Y，et al. Energy-efficient tree-based indexing schemes for information retrieval in wireless data broadcast. Proceedings of International Conference on Database Systems for Advanced Applications，2011：335-351.

广播的形式传送到移动客户端，从而实现物理世界、计算机世界及人类社会三元世界的连通。

近年来，已有多家研究机构积极开展数据广播的研究工作，比较有代表性的机构有美国的布朗大学、马萨诸塞大学、马里兰大学，印度科技学院，中国的香港城市大学、香港理工大学、香港科技大学、台湾"清华大学"、台湾大学、国防科技大学、中国科学技术大学、武汉大学、华中科技大学、重庆大学等也对实时多数据项的数据广播进行了深入研究[1~3]。目前，数据广播的研究主要集中在以下四个方向。

(1)广播内容选择机制。这类研究主要应用于用户需求明确且需求不随时间变化的数据广播服务。移动终端用户对各个数据有固定的访问概率，且数据访问兴趣不会随时间推移而改变。因此，系统主要采取周期性广播来满足移动终端用户的需求，即将确定的广播内容周期性地在广播信道上进行广播[4,5]。移动终端用户按照广播信道上数据广播的顺序来获取数据，如果一轮广播的数据太多，用户的访问时间将会延长。所以，信道中广播数据的容量是影响用户数据访问时间的重要因素。为了减少移动终端用户的等候时间，广播系统一般选择较小的广播内容集合进行周期性广播。因此，如何根据用户的动态数据需求选择需要广播的内容是数据广播的首要问题，大部分研究选择依据数据的访问概率来选择广播内容。

(2)调度算法。在移动计算环境中，移动终端用户访问数据的概率各不相同，并且数据访问兴趣随着时间不断变化。固定广播内容周期性广播已经难以满足移动终端用户的需求，为了提供更好的服务质量，服务器不仅要动态地选择广播内容，还要合理地安排内容的广播顺序，尽可能缩短用户访问时间以及减小访问失败率。如何组织广播信道中的数据，在同一时间内尽可能多地满足移动终端用户的访问，即数据广播调度问题，是数据广播的核心研究课题。

① Chen J，Liu K，Lee V C S. Analysis of data scheduling algorithms in supporting real-time multi-item requests in on-demand broadcast environments. Proceeding of the 23th IEEE International Parallel and Distributed Processing Symposium，2009：1-8.

② Liu K，Lee V，Ng J K Y，et al. Temporal data dissemination in vehicular cyber-physical systems. IEEE Transactions on Intelligent Transportation Systems，2014，15(6)：2419-2431.

③ Lv J，Lee V，Li M，et al. Profit-based scheduling and channel allocation for multi-item requests in real-time on-demand data broadcast systems. Data and Knowledge Engineering，2012，73：23-42.

④ Xu J，Lee D L，Hu Q，et al. Data Broadcast(Handbook of Wireless Networks and Mobile Computing). New York：John Wiley & Sons，2002：243-265.

⑤ Acharya S，Franklin M，Zdonik S. Balancing push and pull for data broadcast. ACM SIGMOD Record，1997，26(2)：183-194.

（3）索引机制。通过在数据广播中插入索引信息，移动终端用户可以获知所请求的数据项在广播中到达的时间。在等待该数据项到达的间隔时间里，可将移动计算设备调入休眠模式而节约电源消耗。但是随着索引数据的加入，广播调度的平均访问时间会大幅度增加[1]。因此，索引机制研究的目标是利用索引减少调谐时间的同时，使广播调度的访问时间仍保持在一个合适的界限内，从而使移动终端用户在访问数据广播时，既能节约电源消耗，又不至于等待过长的时间获得服务[2]。

（4）预取和缓存技术。上述介绍的广播内容选择、调度以及索引技术都应用于服务器端，通过相关技术改善服务器端的广播质量来提高数据广播信息系统的服务质量。而预取和缓存技术应用于移动终端用户端，该研究方向主要围绕如何利用预取和缓存技术进一步减少移动用户端查询广播数据的响应时间展开。从广播信道预先获取客户端即将需要的数据，能有效地减少客户端查询数据的等待时间[3][4]。在客户端上缓存频繁访问的数据项能有效地减少客户端与服务器之间的通信开销。但移动客户端的内存空间有限，当缓存空间用完时，如何使用新数据替换现有缓存数据是必须考虑的问题[5~7]。缓存数据替换策略是缓存技术的研究重点。

综上所述，为了提高移动计算环境信息服务系统的服务质量，必须同时考虑服务器端和移动终端的信息管理。因此，数据广播调度算法与缓存管理是优化移动计算环境信息服务系统的服务质量最关键的两种技术。下面分别介绍数据广播调度算法和缓存管理的相关研究。

① Yao Y，Tang X，Lim E P，et al. An energy-efficient and access latency optimized indexing scheme for wireless data broadcast. IEEE Transactions on Knowledge and Data Engineering，2006，18（8）：1111-1125.

② Zhong J，Wu W，Shi Y，et al. Energy-efficient tree-based indexing schemes for information retrieval in wireless data broadcast. Proceeding of International Conference on Database Systems for Advanced Applications，2011，6588：335-351.

③ Hui C Y，Ng J K Y，Lee V C S. On-demand broadcast algorithms with caching on improving response time for real-time information dispatch systems. Proceedings of the 11th IEEE International Conference on Embedded and Real-Time Computing Systems and Applications，2005：285-288.

④ Ng J K，Lee V，Hui C Y. Client-side caching strategies and on-demand broadcast algorithms for real-time dispatch systems. IEEE Transactions on Broadcasting，2008，54（1）：1-12.

⑤ Cao G. Proactive power-aware cache management for mobile computing systems. IEEE Transactions on Computers，2002，51（6）：608-621.

⑥ Paul P V，Rajaguru D，Saravanan N，et al. Efficient service cache management in mobile P2P networks. Future Generation Computer Systems，2012，29（6）：1505-1521.

⑦ Chen J，Lee V，Liu K，et al. Efficient cache management for network coding assisted data broadcast. IEEE Transactions on Vehicular Technology，2017，66（4）：3361-3375.

(二)数据广播调度算法的相关研究

数据广播调度算法的研究可按不同研究视角进行分类。

(1)按数据广播模式进行分类。在移动计算环境中,数据传送方式主要包括纯拉方式(pure pull-based)、纯推方式(pure push-based)以及混合方式(hybrid)。对应上述三种数据分发技术,数据广播可分为三类:推送式广播、基于需求式广播和混合数据广播。

(2)按数据项的类别进行分类。按数据项的类别,数据广播可分为单数据项广播和多数据项广播。数据访问规定,数据项表示数据的最小单位,不可分割,类似于元数据。当移动终端用户发送访问单个数据项的请求时,服务器只允许移动终端用户每次从广播信道中获取单个数据项。此时,数据广播策略是单数据项广播。当移动终端用户要求一次访问多个关联数据项时,服务器允许移动终端用户可以从广播信道获取多个相互关联的数据项以满足用户对信息的处理。此时,数据广播策略是多数据项广播。多数据项广播显然包含了单数据项广播这种特殊情况。

(3)按数据项的访问时限进行分类。按数据项的访问时限,数据广播可分为非即时数据广播和实时数据广播。非即时数据广播不考虑客户端查询请求的时限,客户端接收服务器广播的数据即能得到满足。这种情况下,请求的响应时间是评价广播系统效率的主要指标。而实时数据广播必须考虑客户端查询请求的时限要求,如果客户端没有在限定的时间范围内接收需求的数据项,那么客户端被视为没有获得服务。这种情况下,截止期错失率是评价广播系统效率的主要指标。

(4)按是否广播索引信息进行分类。按是否广播索引信息,数据广播可分为带索引广播和无索引广播。带索引广播是指在广播数据中增加了索引信息。无索引广播则不增加索引信息,直接广播数据。

(5)按参与广播的信道数目进行分类。按参与广播的信息数目,数据广播可分为单信道广播和多信道广播。单信道广播是指无线通信网络中仅有一个信道用于广播数据。多信道广播是指服务器到移动终端用户的方向有多个下行信道用于广播数据。

1. 推送式数据广播调度算法

在推送式广播模式下,服务器首先根据客户端提供的预编译访问文件,采用相关调度策略确定数据的广播顺序和广播频次。然后通过无线信道周期性广播已组织好的数据。推送式数据广播调度算法中最简单的数据调度算法是均匀广播(flat broadcast)[1],在该方法的数据库中所有数据都以相同的频次进行广播,因此

---

① Dykeman H D, Wong J W. A performance study of broadcast information delivery systems. Networks: Evolution or Revolution, Proceedings of the 7th Annual Joint Conference of the IEEE Computer and Communcations Societies, 1988: 739-745.

所有数据的访问时间都是广播周期的 1/2。由于在大多数情况下,用户的数据存取是不均匀的,所以均匀广播总体性能不高。为了适应数据访问的非均衡性,Wong 等提出基于概率的广播方式[①]。在该方法中,某些数据项的访问时延可能非常大。为了进一步解决数据项访问时延过长问题,Acharya 等[②③]提出广播磁盘(broadcast disk)的概念。他们引入分级传送结构,将数据库的所有数据项按照访问概率分为 K 组。在一个广播调度中,同一个组内的数据项以相同的频次广播,不同组的数据项广播频次不同。数据广播可以看成 K 个具有不同传输速率的逻辑磁盘,将访问概率大的数据项放在传输速率相对较快的磁盘中进行传送,可以降低所有数据请求的平均访问时间。该方法类似于传统的存储系统结构,因此称为广播磁盘。此外,这种多盘广播机制还考虑了客户端的缓存问题,利用预取和缓存技术来进一步提高用户访问空中数据的性能。但是,多盘调度机制缺乏可操作性,其设备参数必须由手工确定,且无章可循,而且,他们没有考虑数据广播的调谐时间优化问题,因此无法有效支持电源有限的小型移动计算设备。国防科技大学周兴铭院士主持的研究组提出了启发式多盘(heuristic multi disk,HMD)调度算法[④⑤],采用基于 Zipf 分布的启发式策略将数据项分割到 K 个具有不同广播频率的盘中,并根据各盘平均访问概率的平方根之比确定其相对广播频率。虽然 HMD 调度算法由计算机自动确定数据项到各盘的分配以及各盘的相对频度,但仍需人工确定盘数。

推送式最优广播调度是推送式调度算法中另一经典研究方向,Hameed 等[⑥]给出了平均访问时间最小化的平方根规则。该规则包括两个条件:①每个数据项的广播实例都等间距出现;②每个实例间的间隔正比于数据项访问概率的平方根,且反比于数据项大小的平方根。如果广播调度满足这两个条件,则平均访问时间可以取得理论最优值。但是这两个条件在实际应用中均难以满足,因此,近年来出现了很多近似算法[⑦⑧]。在推送式数据广播环境中,服务器周期广播数据,客户

① Wong J W. Broadcast delivery. Proceedings of the IEEE,1988,76(12):1566-1577.

② Acharya S,Alonso R,Franklin M,et al. Broadcast disks:Data management for asymmetric communication environments. Proceedings of the 1995 ACM SIGMOD International Conference on Management of Data,1995:199-210.

③ Acharya S,Franklin M,Zdonik S. Dissemination-based data delivery using broadcast disks. IEEE Wireless Communications,1995,2(6):50-60.

④ 李霖,周兴铭. 非对称网络环境中数据广播的启发式多盘调度算法. 计算机学报,1999,22(1):45-50.

⑤ 李霖,周兴铭. 非对称网络环境中数据广播的带索引多盘调度算法. 计算机研究与发展,1999,36(2):219-224.

⑥ Hameed S,Vaidya N H. Efficient algorithms for scheduling data broadcast. Wireless Networks,1999,5(3):183-193.

⑦ Su C J,Tassiulas L,Tsotras V J. Broadcast scheduling for information distribution. Wireless Networks,1999,5(2):137-147.

⑧ Vaidya N H,Hameed S. Scheduling data broadcast in asymmetric communication environments. Wireless Networks,1999,5(3):171-182.

端不能向服务器提出数据请求只能被动地接收服务器广播的数据，因此推送式广播也称为静态数据广播。周期广播对数据的选定是在服务器端，一旦选定，就按既定的内容广播。这种纯推送技术将整个网络带宽用于广播，虽然最大限度地利用了带宽，但这种广播模式较为盲目，忽略了用户的数据需求，并且不能识别用户特征以及满足用户对数据的时限要求。在这种广播模式下，服务器可能需要对数据库中的所有数据进行循环广播。当数据库很大时，循环广播整个数据库的数据项会导致某些客户端在相当长的时间内获取不到需要的数据，这必将影响数据广播的服务质量。因此，有研究提出对数据库的热点数据进行推送式广播用以改善对用户的服务质量[1]，这类方法在移动数据网络的多媒体数据传输中应用较为广泛。另外，推送式广播在系统负载变化时反应较慢，无法应对变化的用户需求。因此，这种广播模式只适用于小型数据库以及固定数据访问模式的应用环境。

2. 纯拉方式数据广播调度算法

与推送式广播相比，纯拉方式广播在动态大规模数据传输中应用更为广泛，因此，近年来关于数据广播调度算法的研究主要集中于纯拉方式的数据广播调度。基于纯拉方式广播调度又称基于点播的广播(on-demand broadcast)调度，属于动态数据调度。在这种广播模式下，服务器端未知客户端对数据的访问模式，仅根据当前客户端的访问请求，确定数据广播调度程序。早期关于点播式广播调度的研究是基于等长单数据项的假设，即数据库中所有数据项长度相等，移动终端用户发出的请求仅要求访问单个数据项。在等长数据项的调度研究中，Dykeman 等[2]首先提出使用先到先服务(first-come-first-served, FCFS)算法来调度数据项。FCFS 是一种经典的基于队列的调度算法，应用领域非常广泛。该算法的核心思想是认为所有请求按照到达顺序排列在队列中，先到达的请求先获得服务。在数据广播调度中，该算法不考虑数据项的访问频次或者热度，仅根据数据项被请求的时间来组织数据进行广播。不过为了避免冗余广播，服务器在安排广播调度时不会重复考虑要求访问该数据项的其他请求，即当一个数据项被广播后，服务器默认所有请求该数据项的移动终端用户都将获得服务。Dykeman 和 Wong[3]认为在数据广播调度中，若仅根据请求到达时间作为调度规则，不能较大地体现数据广播的服务效率。因此，他们提出了两种经

---

① Wang K，Chen Z，Liu H. Push-based wireless converged networks for massive multimedia content delivery. IEEE Transactions on Wireless Communications，2014，13(5)：2894-2905.

② Dykeman H D，Ammar M H，Wong J W. Scheduling algorithms for videotext systems under broadcast delivery. Proceeding of International Conference of Communications，1986：1847-1851.

③ Dykeman H D，Wong W. A performance study of broadcast information delivery systems. Networks：Evolution or Revolution，Proceedings of the 7th Annual Joint Conference of the IEEE Computer and Communcations Societies，1988：739-745.

典动态数据调度策略——最多请求次数优先(most-requested-first，MRF)和最长等待时间优先(longest-waiting-first，LWF)。MRF 算法会记录所有数据项被请求的频次，优先选择广播请求次数最多的数据项。当系统负载明显增加，数据项的访问模式服从均匀分布时，实验证明，MRF 算法使移动终端用户拥有最短平均响应时间。Acharya 和 Muthukrishnan 指出除了考虑数据项的访问频次外，请求的平均等待时间也对广播的效率有明显影响[①]，他们提出了 LWF 调度算法。LWF 算法优先广播具有最大总等待时间的数据项。当数据项访问模式明显偏斜，服从 Zipf 分布时，LWF 调度算法具有良好的平均响应时间。使用 LWF 策略，服务器端在每轮决策点都必须重新计算所有被请求数据项的总等待时间，然后确定此轮被广播的数据项。因此，对于数据项较多的系统，LWF 虽然在减小等待时间方面超越其他调度算法，但是每轮产生决策的代价太大。Tan 和 Ooi[②]提出适应性较强的批处理调度算法 MQL-time(maximum queue length with time restriction)。在 MQL-time 算法中，每个请求都会被分配一个预先确定的时限 t_S，广播服务器会优先服务于具有最大队列长度的请求。但是，当请求在队列中的等待时间大于 t_S 时，该请求被给予更高优先级，服务器将立即为该请求提供服务。该算法可以很好地解决请求等待时间过长的问题，且计算代价比 LWF 小。作为 LWF 的改进与扩展，Aksoy 和 Franklin[③]提出可行性更强、开销更低的算法，即 RXW 算法。RXW 是 LWF 的近似算法，它结合了 FCFS 和 MRF 的优点，但构造开销远小于 LWF。Aksoy 和 Franklin 分析，当客户端发送请求的速度趋近于无穷大时，客户端的请求响应时间达到理论上界。理论分析结果证明，RXW 算法能较好地平衡热点数据和冷门数据的广播达到减小平均访问时间，提升调度性能的目的。此外，Aksoy 和 Franklin 还引入裁剪查询技术，进一步减少服务器每轮产生决策用于搜索服务队列时的开销。该算法不但能有效减少客户端的访问时间，而且计算复杂度适中，可操作性较强。为了更好地比较数据广播调度算法的性能，Kalyanasundaram 等[④]提出从理论上分析在线算法的竞争比。他们基于离散时间以及等长数据项的假设来进行理论模型构建，并指出任何确定的在线算法都不是 $O(1)$-competitive。Bartal 和 Muthukrishnan[⑤]提出研究如何减小客户端请求的最大响应时间问题。

① Acharya S，Muthukrishnan S. Scheduling on-demand broadcasts：New metrics and algorithms. Proceedings of the 4th Annual ACM/IEEE International Conference on Mobile Computing and Networking，1998：43-54.

② Tan K，Ooi B. Batch scheduling for demand-driven servers in wireless environments. Information Sciences，1998，109(1-4)：281-298.

③ Aksoy D，Franklin M. RXW：A scheduling approach for large-scale on-demand data broadcast. IEEE/ACM Transactions on Networking(TON)，1999，7(6)：846-860.

④ Kalyanasundaram B，Pruhs K R，Velauthapillai M. Scheduling broadcasts in wireless networks. Journal of Scheduling，2001，4(6)：339-354.

⑤ Bartal Y，Muthukrishnan S. Minimizing maximum response time in scheduling broadcasts. Proceedings of the 11th Annual ACM-SIAM Symposium on Discrete Algorithms，2000：558-559.

以上数据调度算法研究全部基于等长数据项的假设,但在实际无线应用领域客户端请求的数据项并非等长。点播式广播下非等长数据项调度算法的研究始于1998年,Acharya 等[1]引入 stretch 的概念并将其作为评价非等长数据项广播调度算法的性能指标,stretch 是请求响应时间与理论服务该请求耗费时间的比值。基于非等长数据项的特性以及新的性能评价指标 stretch,他们提出最长 stretch 优先(longest total stretch first,LTSF)算法。该算法能够平衡客户端请求的最差响应时间和平均响应时间,但从实施上来看,该算法因为计算复杂度很高,可行性不好。Wu 和 Cao[2]在此基础上提出基于 stretch 的最优调度算法。服务器根据公式 $S(i) = \sum_{k \in Q_i} \dfrac{1}{S_i^2}$ 为每个数据项计算 S_i 值,其中,S_i 表示数据项 i 的长度,服务器为每个数据项 i 保留一个服务队列 Q_i;k 表示请求访问数据项 i 的第 k 个请求。服务器每次优先广播 S_i 值最大的数据项。与 LTSF 算法相比,该算法能进一步减少服务器端产生决策时的开销,提高算法的可操作性。Sharaf 和 Chrysanthis[3]以 RXW 的研究为基础,考虑非等长数据项,提出广播汇总表算法 STOBS-α。参数 α 控制调度算法的灵活性,α 可以消除冗余、减小数据广播长度,从而达到节省带宽的目的。

随着各种即时信息服务应用的快速发展,系统支持即时数据传输的需求变得日益迫切。即时信息广播大部分应用在军事领域、多媒体系统、控制系统、股票商业系统、机场信息服务系统等,这些应用要求信息在规定时刻或一定时间内完成处理。同时,所处理的数据往往也是短暂的,即有一定的有效时间,否则新的数据产生将使当前决策或推导变成无效。因此,时间因素是实时数据广播调度必须考虑的问题,系统或者应用程序都可对信息施加时间限制。在实时纯拉方式广播系统中,每一个请求都被赋予一个服务截止期,请求必须在各自的截止期限前成功获得服务,服务过期的请求没有意义。实时数据广播调度对数据项的时限要求高,纯推方式广播不能很好地满足客户端对实时数据的要求,因此,基于点播式广播环境的实时数据调度成为当今实时数据广播调度研究的重点。

在非实时广播系统中,客户端可以容忍获取数据时出现失败,用户可以等待直到下次再广播该数据时接收。因此,平均访问时间是该系统评价调度算法性能的主要指标。但是在实时数据广播系统中,每个数据附带时间标签,有自己的服务截止期。若数据没能在其服务截止期内完成传送是无法容忍的,因为过时数据很可能对

---

① Acharya S, Muthukrishnan S. Scheduling on-demand broadcasts: New metrics and algorithms. Proceedings of the 4th Annual ACM/IEEE International Conference on Mobile Computing and Networking, 1998: 43-54.

② Wu Y, Cao G. Stretch-optimal scheduling for on-demand data broadcasts. Proceedings of the 10th International Conference on Computer Communications and Networks, 2001: 500-504.

③ Sharaf M A, Chrysanthis P K. On-demand data broadcasting for mobile decision making. Mobile Networks and Applications, 2004, 9(6): 703-714.

终端应用毫无计算或分析的价值，客户端只有在数据有效期内接收到需要的数据，才被认为获得服务。因此，在实时数据广播系统中，信息服务质量主要通过服务器服务请求的比例来衡量，如何保证请求在其规定的截止期内获得响应是实时广播考虑的主要问题。在实时广播系统中，请求截止期错失率为评价实时广播数据调度算法性能的重要指标。Chang 等[①]对实时数据项的广播调度问题进行了理论分析，证明该问题为 NP 难问题。因此，有必要针对这一问题研究适合的启发式算法。

Xuan 等[②]较早开始研究实时数据的广播问题，他们分析了若干支持时限数据访问的系统，并指出在基于点播的广播系统中，最早截止期优先（earliest deadline first，EDF）调度算法具有较好的性能。众所周知，EDF 调度算法是实时系统中的经典任务调度算法之一[③]。但在实时数据广播系统中，EDF 调度策略的优势会随着系统负载的增加而逐渐减弱[④]，因此当系统超载时，大部分请求在被满足之前有可能错过它们自己的截止期[⑤]。为了进一步考察各个算法的性能，研究者从理论上开始分析基于联机请求的广播调度算法的竞争率（competitive ratio）[⑥]，竞争率高的算法被认为具有较好的性能。Kalyanasundaram 和 Velauthapillai[⑦]提出两个在线调度算法 BCast 和它的变体 BCast2，并证明 BCast 在所有请求的数据项长度都近似相等时是常数可竞争的；而 BCast2 在给定任意数据项长度时是常数可竞争的。Kim 和 Chwa[⑧]研究基于两类最后期限不同的请求调度算法的竞争率，这两种请求分别是紧缩最后期限请求和随机最后期限请求。Fernandez 和 Ramamritham 提出一个自适应混合数据广播算法[⑨]，在

① Chang J，Erlebach T，Gailis R，et al. Broadcast scheduling：Algorithms and complexity. Proceedings of the Nineteenth Annual ACM-SIAM Symposium on Discrete Algorithms，Society for Industrial and Applied Mathematics，2008：473-482.

② Xuan P，Sen S，Gonzalez O，et al. Broadcast on demand：Efficient and timely dissemination of data in mobile environments. Proceedings of the 3rd IEEE Real-Time Technology and Applications Symposium（RTAS'97），1997：38.

③ Liu C L，Layland J W. Scheduling algorithms for multiprogramming in hard real-time traffic environments. Journal of the Association for Computing Machinery，1973，20(1)：179-194.

④ Fernandez J，Ramamritham K. Adaptive dissemination of data in time-critical asymmetric communication environments. Mobile Networks and Applications，2004，9(5)：491-505.

⑤ Xu J，Tang X，Lee W C. Time-critical on-demand data broadcast：Algorithms analysis，and performance evaluation. IEEE Transactions on Parallel and Distributed Systems，2006，17(1)：3-14.

⑥ Poon C K，Zheng F，Xu Y. On-demand bounded broadcast scheduling with tight deadlines. Proceedings of the 12th Computing：The Australasian Theroy Symposium，2006，51：139-143.

⑦ Kalyanasundaram B，Velauthapillai M. On-demand broadcasting under deadline. Proceedings of the 11th Annual European Symposium on Algorithm，2003：313-324.

⑧ Kim J H，Chwa K Y. Scheduling broadcasts with deadlines. Proceedings of the 9th Annual International Conference on Computing and Combinatorics，2003：25-28.

⑨ Fernandez J，Ramamritham K. Adaptive dissemination of data in time-critical asymmetric communication environments. Mobile Networks and Applications，2004，9(5)：491-505.

静态广播和动态广播中分别应用 PINOPT 算法[①②]和 EDF 算法广播数据，尽可能满足用户对数据的最低响应时间要求。此算法根据系统工作量动态分配静态广播和动态广播的带宽，目的是减少用户平均等待时间和请求服务失败率。但算法为了满足用户对数据请求的时限要求会产生大量的冗余数据，这使信道利用率较低，用户的平均访问时间较长。Dewri 等[③]提出使用人工智能常用的遗传算法来解决软截止期(soft deadline)数据项的广播调度问题。

Hu 等[④]提出一种混合数据广播算法，针对不同的用户使用不同的广播方式。移动终端用户分成普通用户、联机请求用户和基于优先级的用户。普通用户只能被动地接收广播数据，无法向服务器发送请求，因此针对普通用户将使用静态广播方式。联机请求用户和基于优先级的用户可通过上行信道提出数据访问请求，服务器采用动态广播的方式进行服务，其中基于优先级的用户拥有系统资源的最高使用权。此算法通过区分各类用户对信道的使用权限来降低用户的平均访问时间。混合数据广播调度算法的研究关键是如何根据系统工作量，自适应地分配下行信道的广播带宽。

Fang 等[⑤]对实时联机请求广播系统建模，提出使用马尔可夫决策过程(Markov decision processes，MDP)模拟广播决策产生的过程。以往关于调度算法的研究大多都是从提高广播效率(productivity)的角度来设计调度算法，即广播一个数据项能服务多少个客户端，满足多少个请求，而 Fang 和 Vrbsky 逆向思考，不选择广播一个数据项给系统带来多少损失来设计调度算法。服务器跟踪统计将在下一轮广播中错过最后期限的请求，如果这些请求需要的数据项没有在下一轮被广播，服务器将会统计这些请求的数目。换句话说，如果服务器没有在下一轮广播中满足这些请求，这些请求将会错过最后期限，因此这些请求称为关键请求(critical request)，服务器总是优先广播产生关键请求最多的数据项。Xu 等[⑥]提出在线调度算法，即剩余空闲时间与请求数量的比值(slack time inverse number of pending

① Baruah S K. Proportionate progress: A notion of fairness in resource allocation. Algorithmica，1996，15(6)：600-625.

② Baruah S，Lin S. Improved scheduling of generalized pinwheel task systems. Proceedings of the 4th International Workshop on Real-Time Computer Systems Applications，1997：73-79.

③ Dewri R，Ray I，Ray I，et al. Utility driven optimization of real time data broadcast schedules. Applied Soft Computing，2012，12(7)：1832-1846.

④ Hu J H，Yeung K L，Feng G，et al. A novel push-and-pull hybrid data broadcast scheme for wireless information networks. Proceeding of IEEE International Conference on Communications，2000，3(3)：1778-1782.

⑤ Fang Q，Vrbsky S V，Dang Y，et al. A pull-based broadcast algorithm that considers timing constraints. Proceedings of 2004 International Conference on Parallel Processing，2004：46-53.

⑥ Xu J，Tang X，Lee W C. Time-critical on-demand data broadcast: Algorithms，analysis，and performance evaluation. IEEE Transactions on Parallel and Distributed Systems，2006，17(1)：3-14.

request，SIN)。该算法受现存两个调度策略的启发，即 EDF 算法和 MRF 算法。EDF 算法[1]考虑请求的紧迫性；MRF 算法[2]考虑广播的效率。服务器会计算每一个被请求的数据项的 SIN 值：SIN = (1stDeadline−clock)/num，其中，1stDeadline 表示要求访问该数据项的最短截止期，num 表示服务队列中要求访问该数据项的请求的总数目，clock 表示当前的 CPU 时间。服务器根据 SIN 的值来组织广播策略，每次选择 SIN 值最小的数据项进行广播。此外，Xu 等从理论上分析了请求到达速度趋近于无穷大时请求截止期错失率下界，将理论分析结果作为辅助评价算法性能的重要标尺。仿真实验结果显示，SIN 性能超越目前所有经典算法，包括 FCFS、EDF、MRF 和 RXW 算法等，且它的请求截止期错失率最接近理论最优值。

以上实时数据调度算法假设所有数据项长度相等，广播一个数据项所需时间为一个时间单位(time unit)。然而所有数据项并非大小、长度相同，有些文献对实时变长数据项广播调度进行了研究[3~6]。其中较具代表性的是 Wu 等在 2006 年提出的请求截止期长度优先(preemptive request deadline size，PRDS)抢占式算法。该算法同时考虑数据访问频率以及请求紧急性，还考虑数据项的长度。为解决抢占式算法决策计算过程开销太大的问题，Wu 等提出金字塔形抢占策略。金字塔形抢占策略可以控制数据项每次广播的长度，通过减少服务器端决策点达到降低整个决策过程计算开销的目的。Hu 等[7]提出两种广播调度策略来处理实时变长数据项的服务问题，即等长分段调度算法 ES-LxRXW 和非等长分段调度算法 US-LxRXW。在实时环境下，ES-LxRXW 算法和 US-LxRXW 算法均考虑数据项的大小、网络带宽、广播周期以及每个数据项的调度优先级，以此来降低用户请求失败率并改善网络带宽的使用率。

在移动计算环境里，广播带宽资源非常有限，以往实时数据调度算法研究主要集中于单数据项请求调度，但基于单数据项请求的假设明显不能满足近年出现的某些实

① Liu C，Layland J. Scheduling algorithms for multiprogramming in a hard-real-time environment. Journal of the Association for Computing Machinery，1973，20(1)：46-61.

② Wong J. Broadcast delivery. Proceedings of the IEEE，1988，76(12)：1566-1577.

③ Hui C Y，Ng J K Y，Lee V C S. On-demand broadcast algorithms with caching on improving response time for real-time information dispatch systems. Proceedings of the 11th IEEE International Conference on Embedded and Real-Time Computing Systems and Applications，2005：285-288.

④ Cao W，Aksoy D. Beat the clock: A multiple attribute approach for scheduling data broadcast. Proceedings of the 4th ACM International Workshop on Data Engineering for Wireless and Mobile Access，2005：89-96.

⑤ Wu X，Lee V. Wireless real-time on-demand data broadcast scheduling with dual deadlines. Journal of Parallel and Distributed Computing，2005，65(6)：714-728.

⑥ Wu X，Lee V，Joseph K N G. Scheduling real-time requests in on-demand data broadcast environments. Real-Time Systems，2006，34(2)：83-99.

⑦ Hu W，Xia C，Du B，et al. An on-demanded data broadcasting scheduling considering the data item size. Wireless Networks，2015，21(1)：35-56.

际应用的需求，如实时数据库系统[1]。在这些实际应用中，移动用户可能同时对多个即时数据项感兴趣，例如，一个移动用户要同时获取 Cisco、Microsoft 和 IBM 三只股票的价格。在单数据项广播系统中，移动终端用户需分别提交申请 Cisco、Microsoft 和 IBM 价格的数据访问请求，即发送三个数据请求给服务器。而在多数据项广播中，用户只需提交申请 Cisco、Microsoft 和 IBM 股票价格一次数据访问请求即可。因此，移动用户发送要求访问多个数据项的请求给服务器能减少移动用户与服务器的通信，有效节省上行通信信道的带宽。相比单数据项广播调度，近年来研究学者对多数据项广播调度问题更加关注。当移动终端用户要求同时访问多个数据项时，用户查询数据集之间存在重复请求数据项的情况。发现和分析请求数据项重叠问题是多数据项访问广播调度的重要研究方向。在多数据项广播调度研究中，以均匀广播为基础的研究有查询扩展方法(query expansion method，QEM)[2]。QEM 以访问概率为基准，用贪婪方式扩展查询数据集中的所有数据项，其主要思想是依据查询数据集的访问频率排序，参考每个查询数据集中数据项的位置，通过调整数据项的位置把两个查询数据集之间重复请求的数据项排放在一起来减小平均等待时间，但此方法所考虑的数据项对调以及重复计算数据项之间间隔距离是相当复杂的。Lee 等[3]提出改进的 QEM 算法，通过放松 QEM 的两个约束条件，获得了比 QEM 算法更好的性能。QEM 及其改进算法应用查询距离(query distance)来求得数据请求的访问时间，并将查询数据集要求的多个数据项作为整体进行调度，能获得较低的平均访问时间。但它们没有考虑用户对数据的时效要求，不能很好地适应实时数据广播调度。后来有人提出面向数据的方法，即基于数据项的调度。该类方法是把查询数据集中的数据项看成单独的个体，分别统计每个数据项的访问频次，频次最高与次高的数据项组织在一起，使最常被请求的数据项能够更集中地排列在一起，以便查询者在较短时间内取到请求的数据项。Lee 和 Lo[4]提出三种贪婪算法，分别从一系列请求数据集中选取若干请求数据集作为广播的内容。这三种算法分别考虑了查询数据集的访问频次、查询数据集中数据项的个数以及各查询数据集之间数据项重叠的个数。Liu 和 Lin[5]提出使用数据访问图(data access graph，DAG)表示查询数据集中各数据项之间的依赖关系，计算数据项的加权距离，根据加权

① Bestavros A，Son S H，Lin K J. Real-Time Database Systems：Issues and Applications. Berlin：Springer Science and Business Media，2012.

② Chung Y D，Kim M H. QEM：A scheduling method for wireless broadcast data. Proceedings of the 6th International Conference on Database Systems for Advanced Applications，1999：135-142.

③ Lee G，Yeh M S，Lo S C，et al. A strategy for efficient access of multiple data items in mobile environments. Proceedings of the 3rd International Conference on Mobile Data Management，2002：71-78.

④ Lee G，Lo S C. Broadcast data allocation for efficient access of multiple data items in mobile environments. Mobile Networks and Applications，2003，8(4)：365-375.

⑤ Liu C M，Lin K F. Efficient scheduling algorithms for disseminating dependent data in wireless mobile environments. Proceeding of the International Conference on Wireless Networks，Communications and Mobile Computing，2005：375-380.

距离合并数据访问图的顶点，直到合并成一个顶点，合并顶点的顺序即调度数据项的顺序。Lam 等[1]提出等量空闲数据(equal slack data，EQSD)和请求占比(request proportion，RP)算法。明确考虑了事务包含的数据项数目和定时限制，以获得最低请求服务失败率和最短平均响应时间。但算法均没有考虑对用户重复申请数据项的处理。Prabhu 和 Kumar 提出事务型请求(transactional request，TR)算法[2]处理事务型多数据项请求。TR 算法是 RXW 算法在多数据项请求环境的扩展。Huang 和 Chen[3]通过分析多信道广播环境中多数据项广播的特性，得到平均访问时间的理论特征，采用遗传算法来产生数据广播程序，但遗传算法时间复杂度和空间复杂度大，不能较好地适用于实际应用。Liu 和 Lee[4]提出在多信道环境下广播调度多数据项请求算法。他们发现多数据项请求调度存在饥饿和带宽利用问题，认为在产生决策时把多数据项请求看成整体来调度，可解决数据项的饥饿问题。利用不同客户端与其所发送的请求之间的关系信息选择数据项广播的信道可有效解决信道带宽利用问题。

　　以上文献探讨的是点播模式广播环境下，基于多数据项请求的广播调度问题。随着各种即时信息服务应用的出现，系统迫切需要提升对实时多数据项请求的处理能力。因此，目前数据广播调度算法研究的热点主要集中于实时多数据项请求的调度与服务。以香港城市大学李仲诚教授为首的团队针对实时多数据项访问的数据广播调度作了较为深入的研究。Chen 等[5]~[7]考虑数据项的访问频次、最长等待时间以及数据项集的服务紧迫度对实时多数据项进行调度。实验验证所提算法与以往经典算法相比，能够有效降低移动客户请求的截止期错失率。Lee 和 Liu[8]考虑请求重叠权重以及请求剩余空闲时间(slack time)来调度实时多数据项请求。车载网络是一种限定更为严格的移动数据网络，车辆与路边服务单元的通信不仅有

　　① Lam K Y，Chan E，Yuen C H. Data broadcast for time-constrained read-only transactions in mobile computing systems. Proceedings of the International Conference on Advance Issues of E-Commerce and Web-Based Information Systems，1999：11-19.

　　② Prabhu N，Kumar V. Data scheduling for multi-item and transactional requests in on-demand broadcast. Proceedings of the 6th International Conference on Mobile Data Management，2005：48-56.

　　③ Huang J L，Chen M S. Dependent data broadcasting for unordered queries in a multiple channel mobile environment. IEEE Transactions on Knowledge and Data Engineering，2004，16(9)：1143-1156.

　　④ Liu K，Lee V. On-demand broadcast for multiple-item requests in a multiple-channel environment. Information Sciences，2010，180(22)：4336-4352.

　　⑤ Chen J，Lee V，Ng J. Scheduling real-time multi-item requests in on-demand broadcast. Proceeding of the 14th International Conference on Embedded and Real-Time Computing Systems and Applications，2008：207-216.

　　⑥ Chen J，Lee V，Chan E. Scheduling real-time multi-item requests in wireless on-demand broadcast networks. Proceeding of the 4th International Conference on Mobile Technology，Application and Systems，2007：125-131.

　　⑦ Chen J，Lee V，Liu K. On the performance of real-time multi-item request scheduling in data broadcast environments. The Journal of Systems and Software，2010，83：1337-1345.

　　⑧ Lee V，Liu K. Scheduling time-critical requests for multiple data objects in on-demand broadcast. Concurrency and Computation Practice and Experience，2010，22(15)：2124-2143.

时限要求，而且时限与车辆的速度以及路边服务单元覆盖的范围有关。Liu 等在车载网络环境研究实时多数据项传送问题[1][2]，他们使用未获得服务数据项比例、可行调度所需时间以及请求数据被广播的服务能力(request productivity)来构建数据项广播调度的规则。Lee 团队也研究了多广播信道环境下的实时多数据项调度问题。Lv 等[3]引入请求的利润和机会成本概念，基于请求利润提出(profit versus cost，PVC)算法，该算法具有较低的请求截止期错失率。

三、移动客户端缓存管理相关研究

移动客户端的缓存信息管理对移动计算环境数据广播系统的服务质量具有重大影响[4][5]。有效的缓存策略会在缓存中保留最有可能被客户端访问的数据项，以此减少客户端通过无线上行信道提交至服务器的请求数量。这不仅能节省上行带宽，而且极大地减少了服务器上的工作负载。客户端应用的某些信息需求可以直接通过访问本地缓存信息得到服务，这将大幅度减少信息的访问时间。因此，在移动客户端上缓存频繁访问的数据项能有效地减少客户端与服务器之间的通信开销，进而缩短客户端请求的响应时间。移动客户端的内存空间有限，当缓存空间用完时，如何使用新数据替换现有缓存数据是必须考虑的问题。目前，研究者已提出多种缓存替换策略，根据数据访问时间、访问频次、功能等可以将缓存策略分为五大类[6]。

1. 基于时限的策略

这类策略将时限作为缓存替换考虑的主要因素。这里时限定义为最近被访问/使用的数据，其中大多数策略都是最少近期使用(least recently used，LRU)策略的扩展版本。LRU[7]策略是经典的缓存替换策略之一，其主要思想是把近期最长时间未使用

① Liu K，Lee V. Adaptive data dissemination for time-constrained messages in dynamic vehicular networks. Transportation Research Part C：Emerging Technologies，2012，21(1)：214-229.

② Liu K，Lee V，Ng J，et al. Temporal data dissemination in vehicular cyber-physical systems. IEEE Transactions on Intelligent Transportation Systems，2014，15(6)：2419-2431.

③ Lv J，Lee V，Li M，et al. Profit-based scheduling and channel allocation for multi-item requests in real-time on-demand data broadcast systems. Data and Knowledge Engineering，2012，73：23-42.

④ Yin L，Cao G. Supporting cooperative caching in ad hoc networks. IEEE Transactions on Mobile Computing，2006，5(1)：77-89.

⑤ Xu J，Hu Q，Lee W C，et al. Performance evaluation of an optimal cache replacement policy for wireless data dissemination. IEEE Transactions on Knowledge and Data Engineering，2004，16(1)：125-139.

⑥ Podlipnig S，Böszörmenyi L. A survey of Web cache replacement strategies. ACM Computing Surveys(CSUR)，2003，35(4)：374-398.

⑦ Menaud J M，Issarny V，Banâtre M. Improving the effectiveness of web caching. Advances in Distributed Systems Springer，2000，1752(1)：375-401.

的信息作为缓存替换规则，常用于页面置换算法，是为虚拟页式存储管理服务的。LRU 策略是第一个基于 recency 的策略，目前已被广泛应用于不同领域，如数据库缓冲区管理、分页和磁盘缓冲区管理。基于 recency 的缓存策略主要包括 LRU-阈值[1]、价值-年龄策略[2]、HLRU[3]、PSS[4]。其中，LRU-阈值除了使用 LRU 策略，还为每个对象设定阈值，当对象计算的值超过阈值时，该对象被移出缓存。价值-年龄策略为每个对象 i 计算 $v(i)$，$v_{new}(i)$ 的值作为缓存对象替换规则。计算公式如下：

$$v_{new}(i) = v_{old}(i) + C_t \sqrt{\frac{C_t - t_i}{2}}$$

其中，$v_{new}(i)$ 表示每个数据项更新后的值；C_t 表示当前 CPU 时间。HLRU 策略提出统计各个对象的历史访问信息，与 LRU 策略一起来决定每次被淘汰的对象。

　　基于 recency 的缓存策略把时间局限性作为主要考虑因素，这类算法对系统负载适应性较好，实施复杂度较低，运行速度快。它的缺点是没有考虑对象的大小以及对象被访问的频次，这些因素对于静态网络环境非常重要。

2. 基于频次的策略

　　网络对象具有不用的热度，这导致不同对象被访问的频次不相同。基于访问频次的缓存策略追踪各个对象的访问频次，并将其作为缓存替换的规则。大多数基于频次的缓存策略都是最少频次使用（least frequently used，LFU）策略[5]的扩展版本，LFU 策略是另一种经典的缓存替换策略，其思想是淘汰最少被请求的对象。目前基于访问频次的策略主要有 LFU-Aging、LFU-DA、swLFU 等。LFU-DA 策略是 LFU-Aging 策略的改良版，它们都在 LFU 策略的基础上添加了一个触发阈值，用来解决那些历史访问频次较高、但当前一段时间未被访问的对象的替换问题。swLFU[6]策略让服务器对每个对象赋予一个基于访问频次的权重，因此服务器可以影响客户端缓存何种数据。当对象拥有相同权重时，使用 LRU 策略来选取被

　　[1] Abrams M，Standridge C R，Abdulla G，et al. Caching proxies：Limitations and potentials. Blacksburg：Virginia Polytechnic Institute and State University，1995.

　　[2] Zhang J，Izmailov R，Reininger D，et al. Web caching framework：Analytical models and beyond. Proceedings of the IEEE Workshop on Internet Applications，1999：132.

　　[3] Vakali A. LRU-based algorithms for Web cache replacement. Electronic Commerce and Web Technologies，2000：409-418.

　　[4] Aggarwal C，Wolf J L，Yu P S. Caching on the World Wide Web. IEEE Transactions on Knowledge and Data Engineering，1999，11(1)：94-107.

　　[5] Arlitt M，Cherkasova L，Dilley J，et al. Evaluating content management techniques for web proxy caches. ACM SIGMETRICS Performance Evaluation Review，2000，27(4)：3-11.

　　[6] Kelly T，Jamin S，Mackie-Mason J K. Variable QoS from shared Web caches：User centered design and value-sensitive replacement. Proceedings of the MIT Workshop on Internet Service Quality Economics，1999.

淘汰的对象。基于频次的缓存策略适用于静态访问模式，这种环境下每个对象在一段时间内的访问热度相对固定。它的缺点表现在实施复杂度较大，而且会带来缓存污染。通常在工作负载动态变化的环境下，对各个对象的访问频次进行静态计数会使一段时间内都没有被访问的对象一直保存在缓存中，导致缓存污染。

3. 基于时限/频次的策略

这类策略同时考虑时限和访问频次以及一些其他因素来确定缓存中对象的淘汰规则，其中包括代际替换[①]、LRU.hot[②]、LRU-SP[③]。这些策略使用最近访问时间和访问频次以及其他附加因素找到要替换的对象。如果设计合理，这些策略可以很好地避免考虑单个因素带来的问题，但也因为还引入了一些其他因素，导致策略实施复杂度增加。

4. 基于函数的策略

这类策略通常使用某个函数来计算各个对象的函数值，在决策点替换函数值最小的对象。比较具有代表性的策略包括最低延迟优先(least latency first，LLF)策略[④]和最不相关价值(least relevant value，LRV)策略[⑤]。LLF策略为了获得最小访问延迟，每次选择淘汰下载延迟最小的文档而LRV策略选择淘汰具有最低效用值的对象。基于函数的策略可以同时考虑多个影响因素，而且每个影响因素的权重可动态调整，以适应不同工作负载的环境。但是，当系统负载变化时，如何确定各个因素的权重是个难题。另外，在计算过程中引入延迟时间概念可能会引发一些其他问题。最近访问的数据项及数据项的访问频次很容易从以往客户端发送的请求中统计获得。但数据项的延迟时间很难准确获取，服务器到客户端之间有很多因素会对延迟造成影响。因此，把延迟时间作为缓存替换时需要考虑的因素，可能会导致较差的缓存替换决策出现。

5. 随机化策略

该类策略区别于以往的缓存替换方法，它使用随机决策来查找对象并进行替

① Osawa N，Yuba T，Hakozaki K. Generational replacement schemes for a WWW caching proxy server. High-Performance Computing and Networking Springer，1997：940-949.

② Menaud J M，Issarny V，Banâtre M. Improving the effectiveness of Web caching. Advances in Distributed Systems Springer，2000，1752(1)：375-401.

③ Cheng K，Kambayashi Y. LRU-SP：A size-adjusted and popularity aware LRU replacement algorithm for Web caching. Proceeding of the 24th Annual International Conference on Computer Software and Applications，2000：48-53.

④ Wooster R，Abrams M. Proxy caching that estimates page load delays. Computer Networks and ISDN Systems，1997，29(8)：977-986.

⑤ Rizzo L，Vicisano L. Replacement policies for a proxy cache. IEEE/ACM Transactions on Networking，2000，8(2)：158-170.

换。Starobinski 和 Tse[①]提出 LRU-C 和 LRU-S 策略。LRU-C 策略和 LRU-S 策略都是 LRU 策略随机化的扩展版本，其中 LRU-C 策略使用对象的访问代价作为随机化条件，而 LRU-S 策略使用对象的大小作为随机化条件。随机化策略的目的是在不牺牲服务质量的前提下，尽量减小缓存替换过程的复杂度。它的主要优点是不需要特殊的数据结构来支持对象的插入和删除操作，且实施简单。

以上数据广播调度和缓存管理研究以传统信息广播系统的运行假设为前提，即在一个时间单元内，服务器只能广播一个数据项。在每次广播后，只有同时请求该数据项的移动客户端才能获得服务。这种广播模式限制了网络带宽的使用效率。随着信息需求快速增长，特别是对大量流媒体数据的需求不断增大，有限的网络带宽成了影响信息服务质量的最大因素。因此，必须摒弃传统信息广播系统的运行假设，开发新的数据广播模式，以提高带宽使用率和服务质量。目前，最有效的广播模式是在传统数据广播模式中引入网络编码技术。

四、基于网络编码的数据广播研究

近年来网络编码已被用于提升无线网络中的系统表现。现有研究表明，网络编码在多播环境下能更高效地利用广播带宽来提高吞吐量及减少能量损耗[②③]。Birk 和 Kol[④]首次提出将网络编码技术应用于数据广播系统，他们指出数据广播编码的基础是服务器需要充分了解请求的数据项以及每个客户端缓存的数据项。因为数据项的编码和解码都需要使用客户端缓存的数据信息，所以，信息广播的编码问题包含两个研究内容，即融合网络编码的数据广播调度问题和融合网络编码的客户端缓存信息管理问题。

1. 融合网络编码的数据广播调度研究

融合网络编码技术的数据广播必须基于一个前提条件，即服务器充分了解客户端发出的访问请求以及每个客户端的缓存信息情况。因此，不做特殊说明，本书默认服务器完全掌握各个客户端缓存信息的情况。在数据广播系统中如何应用

① Starobinski D，Tse D. Probabilistic methods for Web caching. Perform Evaluation，2001，46(2)：125-137.

② Fragouli C，Widmer J，Boudec J. A network coding approach to energy efficient broadcasting：From theory to practice. Proceedings of the 25th Annual Joint Conference of the IEEE Computer and Communications Societies(INFOCOM'06)，2006：1-11.

③ Wang X，Wang J，Zhang S. Network coded wireless cooperative multicast with minimum transmission cost. International Journal of Distributed Sensor Networks，2012，8(10)：361-370.

④ Birk Y，Kol T. Coding on demand by an informed source(ISCOD)for efficient broadcast of different supplemental data to caching clients. IEEE/ACM Transactions on Networking，2006，14：2825-2830.

网络编码，让系统性能得到改善是近年来研究数据广播调度的学者一直关注的问题。目前，关注融合网络编码的数据广播调度研究已取得了一些突破性成果。Nguyen 等[①]为无线广播提出了一系列网络编码方案，用来减少服务器的重传次数。服务器把丢失的数据包重新组合，然后使用特殊的方式对其进行重传。在这种方式下，服务器只需通过一次重传就能让多个客户端获得丢失或者错过的数据包。Yang 和 Chen[②]提出从理论上分析融合网络编码的数据广播调度问题，将编码问题转化为优化问题并证明该问题为 NP 难问题。但是他们的理论分析基于纯推方式广播模式，这种广播模式下，请求和缓存的数据项不会动态变化。Chu 等[③]从理论上证明采用传统网络编码方法线性组合(linear combination，LC)[④]可以帮助服务器减少请求的响应时间。但是采用 LC 不能得到最优的响应时间，因为传统网络编码方法是对所有被请求的数据项同时进行编码，这将产生冗余编码，而不必要的编码(如冗余编码)会使解码过程变复杂且耗时，让客户端请求的某些数据进入高延迟状态。因此，作为对 LC 算法的改进，Chu 等提出在线编码(online encoding，OE)算法。OE 算法不但对数据广播调度算法进行设计，还提出一种对数据项进行编码的崭新方法以提高数据广播系统的整体表现。为了消除冗余编码，在每个广播单元，OE 算法不再把所有数据项都编码到一个数据集中，而是仅选取两个数据项进行编码形成一个新的数据进行广播，以此减少响应时间。在数据广播系统中，客户端对数据项的请求以及缓存的数据项是动态变化的。一种有效的编码辅助算法应该充分利用客户端的动态信息并用于编码和调度，从而在每个广播单元里服务最大数量的客户端。OE 算法在每个广播单元中对一小部分固定数量的(2 个)数据项进行编码，这种静态编码方式有可能无法适应动态的数据请求，因为它仅利用部分可得信息进行编码。此外，OE 算法虽然同时考虑数据广播调度和网络编码方法，但两者之间并没有很好地融合，从而无法获得更好的算法表现。OE 算法虽然引入网络编码方法，但编码过程与数据调度过程相互独立。换句话说，编码辅助数据广播算法由数据调度阶段和编码阶段组成，首先执行数据调度，然后根据数据组织编码。随后，学者提出了几种适应性更强的数据广播调度算法。Zhan 等[⑤]提出一种基于请求广播模式的通用数据编码框架。该框架为大多数经典传统数据广播

① Nguyen D，Tran T，Nguyen T，et al. Wireless broadcast using network coding. IEEE Transactions on Vehicular Technology，2009，58(2)：914-925.

② Yang D，Chen M. On bandwidth-efficient data broadcast. IEEE Transactions on Knowledge and Data Engineering，2008，20(8)：1130-1144.

③ Chu C，Yang D，Chen M. Multi-data delivery based on network coding in on-demand broadcast. Proceedings of the 9th International Conference on Mobile Data Management，2008：181-188.

④ Li S，Yeung R，Cai N. Linear network coding. IEEE Transactions on Information Theory，2003，49(2)：371-381.

⑤ Zhan C，Lee V C，Wang J，et al. Coding-based data broadcast scheduling in on-demand broadcast. IEEE Transactions on Wireless Communications，2011，10(11)：3774-3783.

算法提供了网络编码的解决方案。但是该网络编码框架的计算复杂度较高，实现代价较大。目前，在基于请求广播模式下融入网络编码最直接的方式是对调度后的数据项进行编码。首先，应用某种数据调度算法选择最值得广播的数据项。然后，采用特定编码策略对选择的数据项进行编码。编码的目的是让编码后的数据能够一次性服务更多的客户端。Chen 等[①②]详细阐述了多数据项请求网络编码的方案，理论证明，有效利用来自客户端存储和请求的数据项信息能提高网络编码的效率，并提供裁剪技术进一步减小网络编码的代价。

2. 融合网络编码的客户端缓存信息管理研究

为了在数据广播系统中应用网络编码，服务器需要应用每个客户端请求的数据项信息以及被缓存的数据项信息，来构建一个用于广播的编码包[③~⑤]。因此，客户端缓存的内容不可避免地会直接影响广播数据项网络编码的效率。Maddah-Ali 和 Niesen[③]研究表明，当数据项的热度均匀分布时，采用随机策略来替换客户端缓存的数据项，同时使用网络编码来辅助数据广播可以让系统性能达到最佳。Ji 等[⑥⑦]展示了在基于不同偏斜度的 Zipf 分布下，如何最优地选择缓存每个数据块的概率。他们提出缓存策略随机最少使用频次(random least frequently used，RLFU)，它结合了随机策略和基于频次的策略优点。在 RLFU 中，每个客户端随机缓存来自数据库中 top-$\tilde{m}$ 个最受欢迎的数据项，其中 $\tilde{m}$ 的理论最优值取决于全局访问模式。上述基于编码感知的随机缓存策略虽然在信息理论来看是最优的，但是这种策略要求每个数据项由多个数据块组成。如 Vettigli 等[⑧]所述，想要获取较好的性能，要求的数据块

① Chen J，Lee V，Zhan C. Efficient processing of real-time multi item requests with network coding in on-demand broadcast environments. Proceedings of the 15th IEEE International Conference on Embedded and Real-Time Computing Systems and Applications，2009：119-128.

② Zhan C，Lee V，Wangand J，et al. Coding-based data broadcast scheduling in on-demand broadcast. IEEE Transactions on Wireless Communications，2011，10(11)：3774-3783.

③ Maddah-Ali M A，Niesen U. Decentralized coded caching attains order-optimal memory-rate tradeoff. IEEE/ACM Transactions on Networking，2015，23(4)：1029-1040.

④ Chen J，Lee V，Chan E. Network coding-aware cache replacement policy in on-demand broadcast environments. Proceeding of the 6th International Conference on Communications and Networking in China，2011：691-697.

⑤ Birk Y，Kol T. Coding on demand by an informed source(ISCOD)for efficient broadcast of different supplemental data to caching clients. IEEE/ACM Transactions on Networking，2006，14：2825-2830.

⑥ Ji M，Tulino A M，Llorca J，et al. On the average performance of caching and coded multicasting with random demands. Proceedings of the 11th International Symposium on Wireless Communications Systems，2014：922-926.

⑦ Ji M，Tulino A M，Llorca J，et al. Order-optimal rate of caching and coded multicasting with random demands. IEEE Transactions on Information Theory，2017，63(6)：3923-3949.

⑧ Vettigli G，Ji M，Tulino A M，et al. An efficient coded multicasting scheme preserving the multiplicative caching gain. Proceedings of IEEE Conference on Computer Communications Workshops，2015：251-256.

数量可能非常大，因此它可能增加融合网络编码广播方案的复杂度。Ramtin 等[1]提出一种高效缓存算法称为最少近期传送次数(least recent send，LRS)算法。在 LRS 算法中，客户端为每个被请求的数据项记录服务器广播该数据项的时间。当服务器对数据项进行广播后，客户端会根据自己请求的数据项，实时更新自己保留的服务器广播每个数据项的时间。在每轮缓存替换决策点，各个客户端将淘汰具有最迟广播时间的数据项。该算法认为服务器最近很长时间没有广播的数据项应该不是热点数据项，这样的数据项放在缓存里面只会占用缓存空间，而不能带来访问效率的提高。因此，客户端用服务器广播数据项的时间作为缓存替换的主要规则。LRS 算法与 LRU 策略虽然都考虑时限因素，但是 LRS 算法与 LRU 策略有本质区别，主要表现在两个方面：①LRS 算法从全局出发，记录服务器广播每个对象的时间，并未限定为某个客户端请求的对象记录广播时间，而 LRU 策略记录单个客户端的对象访问时间；②LRS 算法在每轮决策点会选定一个缓存淘汰对象，每个客户端都将从各自的缓存中淘汰被选定的对象，而 LRU 策略会根据客户端各自维护的对象访问时间，选出各自需要替换的对象。因此，对于 LRU 策略中不同的客户端可能替换不同的对象。此外，Ramtin 等提出将 LRS 算法与融合网络编码的数据广播结合，并证明在缓存管理中考虑被请求对象的全局视图可以有效改善信息广播系统的性能。该研究虽然考虑了网络编码技术，但使用的是效率较低的 LC 算法，因此 LRS 算法是否能和其他网络编码方法合理搭配提高系统性能暂时未知。最近，Chen 等[2]提出考虑缓存数据项的解码贡献率以及访问时限对缓存进行替换和接纳控制。引入网络解码技术后，客户端不但能从广播的编码数据中解码出自己需要的数据项，也能解码出自己没有请求的数据项。Chen 等[3]认为从全局数据访问模式考虑，客户端缓存某些能解码但自己没有请求的数据项有利于提高整个数据广播系统的网络编码效率，进而提高系统整体的服务水平。

第三节　本书的主要研究内容

本书包含多项理论与实验结合的研究，在分析国内外移动计算环境信息服务系统优化研究的基础上，第二章介绍移动计算环境信息服务研究的理论基础，包括移动计算环境信息广播服务基础框架、信息广播服务优化理论基础以及面向无

---

① Ramtin P，Mohammad A M，Urs N. Online coded caching. Proceedings of the 2014 IEEE International Conference on Communications，2014：1878-1883.

② Chen J，Lee V，Chan E. Network coding-aware cache replacement policy in on-demand broadcast environments. Proceeding of the 6th CHINACOM，2011：691-697.

③ Chen J，Lee V，Liu K，et al. Efficient cache management for network coding assisted data broadcast. IEEE Transactions on Vehicular Technology，2017，66(4)：3361-3375.

线网的网络编码理论。第三章介绍移动计算环境信息广播服务所涉及的方法论，包括信息广播服务评价方法、信息缓存服务评价方法，以及信息广播服务系统仿真工具的介绍和使用。第四章对移动计算环境多种经典动态信息广播调度算法进行比较分析并进行系统仿真，为后面的数据广播研究提供理论依据。第五章研究实时多数据项信息广播调度方案，包括实时多数据项广播问题理论建模及分析、实时多数据项广播调度算法研究、算法仿真以及性能分析。为了给移动终端提供更优质的服务，必须打破传统数据广播理论假设，在移动计算环境信息广播中引入网络编码技术。第六章深入研究融合网络编码技术的信息服务系统框架以及网络编码嵌入数据广播调度问题的理论建模，给出一种弹性更好、效率更高的网络编码方法。第七章着重研究基于网络编码技术的信息广播调度方案，分别讨论单数据项信息和实时多数据项信息广播调度算法的设计。通过仿真实验对算法的可行性和有效性进行验证。第八章着重研究基于网络编码技术的缓存信息管理方案，讨论两种缓存信息管理方案的设计并通过仿真实验对缓存管理方案的可行性和有效性进行验证。第九章是本书的总结与展望，归纳研究移动计算环境信息服务系统优化问题的意义以及用途，总结所建立的信息服务系统优化的方法体系，指出研究的不足及未来的研究方向。

第二章　移动计算环境信息服务研究的理论基础

第一节　移动计算环境信息广播服务基础框架

移动环境信息广播使下行带宽具有可伸缩性，能够保证在不出现网络拥塞的情况下，同时满足大量用户的数据需求。它最大的优势在于广播开销不依赖于移动用户数量的变化。本章详细分析决定数据广播系统结构的关键因素，阐述信息广播服务系统研究中的基本假设与限定，并在此基础上提出基于请求的信息广播服务系统结构。

一、信息广播系统结构的关键因素

移动环境信息广播系统的关键因素包括信息分发方式、数据广播模式以及信息的类型。

1. 信息分发方式

在移动数据广播环境下，信息分发有三种方式。

(1)纯推数据分发方式。移动客户端无法通过上行信道向服务器传递信息，客户端只能被动地接收服务器通过下行信道广播的数据。纯推数据分发方式也称为一阶段方式，此方式下服务器会周期性地将数据推送给移动客户端。这种通信方式常称为单工通信，调频无线广播就是基于这种通信方式。所有被覆盖的移动客户端均可同时访问广播信道中的数据而不会增加服务器的负荷。但是，纯推数据分发方式的优势也导致其具有明显的局限性。首先，由于这种通信方式不使用上行信道，所以客户端无法明确地将自己的需求和反馈告知服务器，服务器完全凭借以往经验来调度和广播数据。移动客户端只能通过下行信道访问被传输的数据，具体能够访问的数据范围完全依赖于服务器的数据广播调度，这会影响系统的可用性。其次，为了保证移动用户访问到服务器中的所有数据，服务器必须周期性地广播数据库中的所有数据项。无论以何种方式组织数据项的广播顺序，冷门数据项的访问延迟都会很长；若只广播热点数据项，虽然大多数客户端能获得较短的平均访问时间，但移动客户端无法获得那些没被广播的数据项，损害了系统的可用性。纯推数据分发方式无法有效地处理冷门数据项的分发。当数据库的数据项较多时，周期性地广播整个数据库的数据项会使服务器广播负荷急剧增加，并最终导致移动客户端的访问延迟时间不断加长。最后，为方便纯推数据分发方式下服务器进行数据广播调度，所有移动用户应具有相似的数据访问兴趣。纯推数据分发方式无法较好地应对变化的访问模式和变化的系统负载，要求移动客户对数据的访问模式相对固定，并且保持相对稳定的系统负载。因此，这种广播方式只适用于一些特定的应用，如天气信息发布、城市交通信息发布等。

(2)纯拉数据分发方式。纯拉数据分发方式即点播式广播，也称为二阶段数据分发方式。此方式下移动用户通过上行信道向服务器明确提出资料请求，服务器接收到请求后，在本地数据库中找到客户端所需要的信息并通过广播传送给客户端。客户端在获取资料的整个过程中，不是被动地等待服务器的推送，而是自己主动向服务器发出请求，并等待服务器的响应。传统的客户端/服务器数据库系统中，客户端也采用纯拉数据分发方式访问服务器的数据。自从分布式计算技术产生以来，纯拉数据分发方式一直是主要的数据请求访问方式。在纯拉数据分发方式下，每个用户可以有完全不同的数据访问兴趣。在并发用户数目不多的环境中，使用纯拉数据分发方式可以让用户立即得到服务器的响应，获得较高的访问性能。移动计算环境中，纯拉数据分发方式支持移动客户端的动态数据访问模式，因此这种方式在动态大规模数据传输中应用更为广泛。但是采用纯拉数据分发方式容易使服务器变成整个服务的瓶颈，必须对用户请求的数量及到达速度加以限制。一种常用的方法是设置上行通道带宽的使用上限，即上行通道的带宽必须远小于下行通道的带宽，设置其占总带宽的比例。另一种方法是调控用户发送请求的速度，该方法需要设置一个参数，即请求到达时间间隔(request arrival interval)，该参数控制用户发送的请求间的时间间隔，从而控制用户发送请求的速度。当用户发送一个请求后进入等待状态，只有当等待的时间大于设置的请求到达时间间隔时，才允许发送下一个请求。

(3)集成方式。该方式结合纯推数据分发方式和纯拉数据分发方式的优势，同时使用两种数据分发方式。其中，采用纯推数据分发方式传输热点数据，采用纯拉数据分发方式传输非热点数据和冷门数据。采用这样的方式，不但能让移动客户端访问到自己需求的数据，也能较好地响应大规模移动客户端对公共热点数据的需求。

2. 数据广播模式

与上述数据分发方式对应，数据广播模式也分为三类：纯推方式数据广播模式、点播式数据广播模式以及混合数据广播模式。

纯推方式数据广播模式是指系统利用广播信道周期性地广播数据，客户端不能向服务器提出数据请求，只能被动地接收服务器广播的数据。因此，纯推方式数据广播也称静态数据广播。服务器端选定需要周期广播的数据，数据一旦选定就不能更改，服务器按既定的内容进行广播。这种纯推技术将整个通信带宽用于广播，虽然能够最大限度地利用带宽，但这种广播模式较为盲目，完全忽略用户的数据需求。此外，这种广播模式也无法识别用户的特征以及满足用户对数据的时限要求。

点播式数据广播模式是指通信信道分为上行信道和下行信道，其中上行信道带宽较低，用于传送用户的数据请求事务，下行信道用于广播被用户频繁请求的热点数据。在这种广播模式下，服务器未知移动用户对数据项的访问概率分布，完全依靠客户端的动态需求来调度与组织广播的数据项。该广播模式不仅能有效地提高下行信道的带宽利用率，还可通过索引技术减少上行信道的饱和度。

混合数据广播模式结合纯拉和纯推技术，也同时使用上行信道与下行信道。上行信道的用途与点播式数据广播模式相同，用于传送用户数据访问请求。下行信道带宽分为两部分，一部分用于周期广播，另一部分用于点播式广播。混合数据广播模式最大的特点是通过上行信道收集用户的动态数据请求信息，并以此为依据，不断地调整需要周期性广播的内容，尽可能多地满足用户的数据访问需求。优良的周期性广播能够减少用户与服务器之间的通信量。而对于无法在周期广播中获得满足的用户数据请求，服务器将通过点播式数据广播模式专门对这些客户端进行服务。混合数据广播模式比较灵活，既可以减少上行信道的饱和度，又能最大限度地利用下行信道的带宽，使广播优势发挥得最好。但是，混合数据广播模式的实现比单独实现纯推方式数据广播模式和点播式广播模式更加复杂。如何根据系统的工作量动态地为周期性广播模式和点播式广播模式分配所需的带宽资源以达到系统最优性能，是混合数据广播模式最关键的问题。

3. 移动计算环境数据特性

根据数据的存取频率，数据可分为高频访问数据和低频访问数据。按数据的紧迫性，数据可分为紧迫数据和一般数据。鉴于数据的复杂性，广播模式一定要有利于反映数据的特性。在实时应用环境中数据类型较为复杂，既有实时数据，也有非实时数据。访问非实时数据不受任何时间的限制，即对数据的访问没有时限要求。客户端向服务器发出要求访问数据的请求后，无论等待多长时间，只要能在广播信道中获得需要的数据，就认为客户端获得了服务。实时数据访问较为复杂，每个需要被访问的数据都拥有一个外部有效时限（external valid interval, EVI），EVI 很长的数据称为长时限数据，EVI 很短的数据称为短时限数据。数据的整体时限由数据本身的有效期和数据请求的时限决定[1][2]。数据的整体时限

① 何新贵，唐常杰，李霖，等. 特种数据库技术. 北京：科学出版社，2000.

② Wu X, Lee V C S. Wireless real-time on-demand data broadcast scheduling with dual deadlines. Journal of Parallel and Distributed Computing, 2005, 65(6)：714-728.

Devi＝Dvi∩Rvi，其中，Dvi 表示数据的有效期，Rvi 表示请求的时限。每个数据请求都附带一个必须获得服务的最终时间期限，这个时间期限既可由用户明确定义，也可由系统根据服务质量（quality of service，QoS）隐含定义。实时数据请求根据数据对时限的要求程度可分为三类：强实时数据请求、弱实时数据请求、准实时数据请求。强实时数据请求要求数据必须在规定的时间内送达客户端，任何被请求的数据不允许超时服务。超时服务的数据没有任何价值，若有请求未在截止期限内获得服务，则会对系统造成不可估量的损失。弱实时数据请求对数据的时限要求比较宽松，允许数据超时，且超时的数据仍然具有一定的价值，只是其价值会随着超时时间的增加而减少。准实时数据请求虽然也允许数据超时，但若请求的数据超时获得服务，则超时数据没有价值，失去服务的意义。

4. 数据广播技术研究中的假设与限定

为了便于理论分析，需要根据实际情况对数据广播环境进行一些限制，下面研究数据广播的一些基本假设和限定。

(1)移动客户端可独立访问广播数据。服务器向移动客户端广播时所基于的通信网络具有固定的广播能力，即所有的移动客户端均可同时访问广播的数据，各个移动客户端之间互不干扰。移动客户端在一个广播单元只能访问一个广播数据项，且相邻两次访问的数据项之间也是相互独立的。

(2)广播数据的格式是一致的。数据广播的最小单位是数据项，且所有数据项长度相等。在实际应用中，这些数据项可以是关系数据库中的记录、面向对象数据库中的对象，或者是数据库中的一个存储页面。

(3)数据广播采用联机请求方式。服务器接收移动客户端发送的数据请求，并根据请求的数据动态组织广播数据。

(4)数据项访问概率未知。服务器事先不知道移动客户端对广播数据项的访问概率分布情况，而且移动客户端对数据项访问的兴趣可随时间动态改变。

(5)广播数据项的自我识别。移动客户端可以监听广播信道上的每个数据项。当数据项到达客户端时，客户端有能力快速识别该数据项是否为自己所要访问的数据项。在每个广播数据项之前插入适当的头部数据项可以帮助客户端快速识别数据项。

(6)数据项身份标识唯一。每个广播数据项拥有一个身份标识(identity)，它能够唯一地标识一个数据项，并且移动客户端总是根据身份标识来访问广播中的数据项。

(7)不考虑数据项更新。广播信道中的数据项是只读(read-only)数据项，不考虑数据库中数据项更新情况。

(8)广播信道可靠。广播信道等基础设施是可靠的，不考虑在传输过程中发生错误的情况。

(9)单信道广播。下行信道是单信道，服务器通过单信道广播数据项。

(10)多数据项请求。移动客户端发出的数据请求可以包括一个以上的数据项。不同请求之间相互独立，但请求内包含的数据项相互关联。移动客户端对一个请求中数据项获取的先后顺序不作要求。

(11)准实时数据请求。在考虑实时数据服务时，移动客户端发送的每一个数据请求都附带时间限制，数据请求只有在时间限制内获得完全服务才能被满足。超过设定时间限制且没有被完全服务的请求会被抛弃，服务器不对该请求重新进行服务。

二、基于请求的信息广播系统框架

本书研究的信息广播环境基于点播式广播模式的典型结构[①]，如图 2.1 所示。该广播系统由一个广播服务器和若干个移动客户端组成。移动客户端与广播服务器通过无线信道通信。该体系结构是典型的 C/S 服务结构，移动客户端利用上行信道，通过向广播服务器发出数据查询请求来申请获取存储在服务器端的数据。广播服务器响应用户请求，将移动客户端所需数据组织在广播通道中，利用下行信道广播数据。该数据广播结构可分为发送请求、接收及处理请求、广播数据三部分。移动客户端负责发送请求，且每个数据请求要求对多个数据项进行访问。移动客户端向服务器发出数据请求后，开始监听下行信道上数据广播的内容。客户端发送的请求分为非实时请求和实时请求。对于非实时数据请求，只要客户端完整接收到请求的所有数据项，请求就被认为是成功获得服务。为了满足用户对某些数据的时效要求，客户端发送的每个实时数据请求拥有一个与之对应的访问截止期(deadline)。关于多数据项请求以及请求截止期的详细定义见第四章。只有在请求规定的截止期内接收到所有它需要的数据项才能成功获得服务。反之，当数据请求错过自己的截止期时，获取的数据项对移动客户端没有任何价值。请求服务失败后客户端不再继续监听下行信道，因为服务器不会重传服务失败的数据。

① Aksoy D，Franklin M. RXW：A scheduling approach for large-scale on-demand data broadcast. IEEE/ACM Transactions on Networking(TON)，1999，7(6)：846-860.

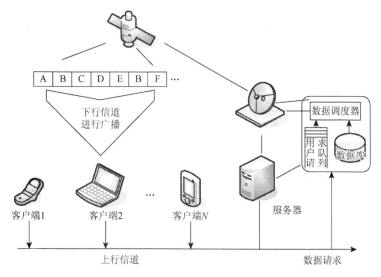

图 2.1　基于点播式广播模式的典型结构

　　对于服务器，它的主要职能是接收及处理请求。该过程可细分为接收请求、选择广播内容和调度三部分。服务器首先接收用户的数据请求，根据一定的规则将其存储在用户请求服务队列中。然后根据当前用户请求队列状态选择数据参与广播并进行调度。鉴于移动用户对数据需求具有动态变化的特性，服务器采用需求驱动机制，根据用户请求队列的最新状态选择和调度广播内容。与客户端相对，当服务器接收到移动客户端发出的实时访问请求时，如果不能在请求的截止期内把相应的所有数据项编入数据广播中，那么该数据请求被视为不可调度的请求。在某一时刻，当用户数据请求的空闲时间[①]小于传输该请求剩余还未获得服务的所有数据项所需耗费的时间时，该用户请求被视为不可调度请求。不可调度请求在当前某个时刻不一定错过了自己的截止期，但是已错过截止期的请求肯定是不可调度的。不可调度的请求被视为访问失败的数据请求，服务器不会处理这类数据请求。在服务器端，下列两类用户数据请求会被移出服务队列：①已经成功获得服务的用户数据请求，即数据请求的所有数据项都已被客户端接收；②用户数据请求被认定为不可调度的。数据广播是通过卫星、无线电发射器来实现的，它们负责把服务器组织的数据项通过下行信道一个个地广播出去。根据广播的特性，广播一个数据项能够同时被所有请求该数据项的移动客户端接收。非实时数据广播调度的主要目标是利用数据广播技术分发数据，有效利用通信带宽，同时满足更多用户的数据需求，尽可能缩短用户访

---

① Leung J Y T，Whitehead J. On the complexity of fixed-priority scheduling of periodic，real-time tasks. Performance Evaluation，1982，2（4）：237-250.

问数据的响应时间；而实时数据广播调度要满足用户对数据的时限要求，让尽可能多的用户数据请求在截止期内获得服务。

综上所述，移动环境信息广播服务框架综合了纯拉和纯推技术，允许用户上传请求，下传反馈信息，与服务器直接进行沟通；能识别移动客户端提出的用户请求；将数据以广播的方式分发，发挥广播通信的优势；明确考虑了用户对数据的时效要求。移动客户端发送请求直至获取数据的整个过程归纳如下：

(1)移动客户端发出数据请求并转入监听模式；

(2)服务器接收请求并根据相应规则将其插入用户请求队列中；

(3)广播调度程序根据用户请求队列的数据信息采用相应的调度算法选择需要的广播内容；

(4)通过无线技术进行数据广播，规定广播一个数据项所耗费的时间为一个时间单元；

(5)移动客户端从下行信道接收广播的数据。

第二节　信息广播服务优化理论基础

本节分别介绍非实时信息和实时信息的广播问题所涉及的理论模型构建以及服务优化问题。

一、非实时信息广播服务优化分析

在非实时信息广播系统中，考察服务质量的主要标准是用户请求的响应时间。目前分析非实时单数据项广播的理论模型比较多，较为经典的是 Aksoy 等提出的 RXW 响应时间限制模型[①]。该理论模型定义数据项 b 的响应时间为

$$W_b[\text{RXW}] = \frac{W_0 + \sum_{i=b+1}^{N-1} \rho_i \sqrt{\frac{p_i}{p_b}} W_i + \sum_{i=0}^{b-1} \rho_i W_i}{1 - \sum_{i=0}^{b-1} \rho_i \left(1 - \sqrt{\frac{p_i}{p_b}}\right)} \tag{2.1}$$

其中，p_i 和 p_b 表示数据项 i 和数据项 b 的访问概率；所有数据项的热度按降序排列，0 表示热度最高的数据项，$N-1$ 表示热度最低的数据项；W_0 表示热度最高的数据项 0 的响应时间，W_i 表示数据项 i 的响应时间。若 μ 表示一个广播单元，即

---

① Aksoy D，Franklin M. RXW：A scheduling approach for large-scale on-demand data broadcast. IEEE/ACM Transactions on Networking(TON)，1999，7(6)：846-860.

广播一个数据项所耗费的时间，Λ_i 表示产生数据项 i 的速率，则 $\rho_i = \mu \Lambda_i$，而且当请求的到达速度不增大时，ρ_i 的最大值被限定为 μ / W_i。

通过以上理论分析，Aksoy 等认为在系统负载较大时，用户请求的预期响应时间与用户请求到达服务器的速度无关。数据项的热度是决定平均请求响应时间的唯一因素。总之，当数据项的到达速度很大时，数据项的平均响应时间不依赖于数据调度算法。这说明当数据项到达速度很大时，广播一个数据项也能满足更多的请求，这直接提升了信息广播系统的服务效率。另外，请求的平均响应时间与数据项的访问概率相关，在式(2.1)中以平方根的形式展示。数据项访问概率的平方根是决定推送广播模式下最优带宽分配的重要因素。因此，在设计广播调度策略时需要充分考虑与数据项访问概率相关的指标。

使用相同的方法分析算法 MRF 的预期请求响应时间，得到数据项 b 的响应时间如下：

$$W_b[\text{MRF}] = \frac{W_0 + \sum_{i=b+1}^{N-1} \rho_i \frac{p_i}{p_b} W_i + \sum_{i=0}^{b-1} \rho_i W_i}{1 - \sum_{i=0}^{b-1} \rho_i \left[1 - \frac{p_i}{p_b}\right]} \tag{2.2}$$

式(2.2)与式(2.1)非常相似，它们的差别在于 MRF 中请求响应时间与两个数据项的访问概率的比值相关，而 RXW 中与两个数据项访问概率比值的平方根相关。这说明 MRF 喜欢调度热点数据项，无论是否需要。因此，它无法充分利用广播带宽资源使其获得最大的利益，这是 MRF 在广播调度中效果不好的原因，因为它过于关注热点数据项。

二、实时信息广播服务优化分析

在实时信息广播环境中，请求截止期错失率是考察信息服务质量的重要因素。请求截止期错失率越低，说明服务质量越高。实时单数据项请求的广播问题已获得大量研究，其中，Xu 等[①]深入完整地分析了实时单数据项请求截止期错失率的优化问题。他们分别针对不同概率分布的请求截止期，分析请求截止期错失率的优化问题。当请求到达速度趋近于无穷大时，单数据项请求截止期错失率优化的定理如下。

定理 2.1　在两个广播实体之间多次广播一个数据项，周期性广播能使整个系

① Xu J，Tang X，Lee W C. Time-critical on-demand data broadcast：Algorithms，analysis，and performance evaluation. IEEE Transactions on Parallel and Distributed Systems，2006，17(1)：3-14.

统的请求截止期达到最低。

该定理指出，如果每个数据项获得同样多的带宽资源，就能从理论上使请求截止期错失率达到最低。因此，当请求的到达速度趋近于无穷大时，周期性广播数据库所有数据项能从理论上获得最低的请求截止期错失率。

定理 2.2　当请求的相对截止期服从指数分布，且平均值为 M 时，整个系统的请求截止期错失率可达到最低，只要所有数据项的广播时间间隔 $(s_1, s_2, \cdots, s_N)$ 满足以下等式：

$$p_i \left(1 - \frac{s_i}{M} e^{-\frac{s_i}{M}} - e^{-\frac{s_i}{M}} \right) = K$$

其中，p_i 表示数据项 i 的访问概率；s_i 表示数据项 i 的广播间隔时间；K 表示一个常数。

定理 2.3　给定固定的截止期 C，系统的请求截止期错失率达到最低，只要所有数据项的广播间隔时间满足以下条件：

$$s_i^* = \begin{cases} C, & i < |y| \\ \dfrac{C}{y - |y|}, & i = |y| \\ \infty, & i > |y| \end{cases}$$

其中，$y = C / 1$。获得的最小截止期错失率为

$$\eta(s_1, s_2, \cdots, s_N) = p_{|y|+1}(1 - y - |y|) + \sum_{i=|y|+2}^{N} p_i$$

该定理指出，当请求截止期固定时，只要保证热度最高的数据项的广播间隔时间恰等于 C，就能使系统的请求截止期达到最小。

第三节　面向无线网络的网络编码理论

一、网络编码技术

1. 网络编码的概念

在传统网络通信中，多播传输主要通过构造多播数实现，但其构造过程一般都是 NP 完全问题，因此，只能设计近似算法来实现多播传输。但大多数近似算法的效果都与最大流最小割定理[①]推导出的最大理论传输容量相差甚远，因为传统

---

① Ramanathan S. Multicast tree generation in networks with asymmetric links. IEEE/ACM Transactions on Networking，1996，4(4)：558-568.

的通信网络传送数据的方式是存储转发，即除了数据的发送节点和接收节点以外的节点只负责路由，而不对数据内容做任何处理，中间节点扮演着转发器的角色。根据图论中的最大流最小割定理，数据的发送方和接收方通信的最大速率不能超过双方之间的最大流值（或最小割值），如果采用传统多播路由的方法，一般不能达到该上界。换句话说，在传统网络中传输的信息不允许叠加，只能存储转发。由于传统观点认为在中间节点上对数据进行加工不会带来收益，所以路由器不对信息本身进行处理。然而，Ahlswede 等[①]于 2000 年提出的网络编码理论彻底推翻了这种传统观点，他们认为如果允许网络节点对传输的信息按照合适的方式进行编码处理（如模二加、有限域上的运算等），而非限于存储和转发，可以提高信息的传输效率[②]。他们以蝴蝶网络的研究为例，指出通过网络编码可以达到多播路由传输的最大流界，从而奠定了网络编码在现代网络通信研究领域的重要地位。

因此，网络编码是一种融合了路由和编码的信息交换技术，它的核心思想是首先在网络中的各个节点上对各条信道上接收的信息进行线性或者非线性的处理，然后转发给下游节点，中间节点扮演着编码器或信号处理器的角色。

Alshwede 等以著名的蝴蝶网络（butterfly network）模型为例，阐述了网络编码的基本概念。假设蝴蝶网络中有一个信源节点 S，两个信宿节点 Y 和 Z，其余为中间节点，各链路容量为 1，b_1 和 b_2 分别表示链路上传输的信息，整个网络如图 2.2 所示。根据最大流最小割定理，该多播的最大理论传输容量为 2，即理论上信宿 Y 和 Z 能够同时收到信源 S 发出的两个单位的信息，也就是说它们能同时收到 b_1 和 b_2。图 2.2(a) 表示的是传统的路由传输方式。其中中间节点 W 只执行存储和转发操作，不对接收的信息做任何处理。假定 W 转发信息 b_1，则链路 WX、XY 和 XZ 上传输的信息均为 b_1。可以发现，信宿 Z 收到了 b_1 和 b_2，但信宿 Y 只能收到 b_1，同时还收到一个多余的 b_1。这种数据传送方式会导致信宿 Y 和 Z 无法同时收到 b_1 和 b_2。因此，该多播不能实现最大传输容量。图 2.2(b) 表示的是采用网络编码的传输方式。其中，节点 W 对自己接收的 b_1 和 b_2 进行模二加操作，即执行编码操作，得到一个编码数据 $b_1 \oplus b_2$。然后将编码数据 $b_1 \oplus b_2$ 转发到链路 WX、XY 和 XZ，最终到达信宿 Y 和 Z。Y 同时收到 b_1 和一个编码数据 $b_1 \oplus b_2$，它可以通过解码操作 $b_1 \oplus (b_1 \oplus b_2)$ 从编码数据中获得 b_2。因此，信宿 Y 实现了同时收到 b_1 和 b_2。同理，信宿 Z 也同时收到 b_1（通过解码操作 $b_2 \oplus (b_1 \oplus b_2)$）和 b_2。由此可见，基于网络编码的多播传输实现了理论上的最大传输容量。综上所述，网络编码的原理是：首先，具备编码条

---

① Ahlswede R，Cai N，Li S Y R. Network information flow. IEEE Transactions on Information Theory，2000，46(4)：1204-1216.

② Yeung W R，Li S Y R，Cai N，et al. Network coding theory. Communications Surveys and Tutorials IEEE，2006，15(4)：1950-1978.

件的网络节点(如该节点的入度至少为 2，图 2.2 中的节点 W 就具备编码条件，节点 X 则不具备编码条件)对接收到的信息进行一定方式的处理(编码)，并将编码的数据传输给下一级网络节点；然后，收到消息的下一级节点若具备编码条件，则对其接收的信息按照同样的方式进行处理和传输，如此反复，直到所有经过处理后的信息都汇聚到信宿节点；最后，在信宿节点通过逆过程的操作(解码)，即可译出信源发送的原始信息。网络编码是发生在域 F_q 上的操作，若域 F_q 无限大，则运用网络编码的多播传输能达到理论上的最大传输容量等于各信宿节点的最大流的最小值，即 $h = \min \max \mathrm{flow}(t_i)$，$t_i \in T$。

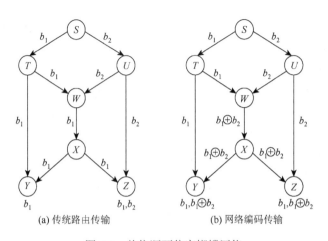

(a) 传统路由传输　　　　　　　　　(b) 网络编码传输

图 2.2　单信源两信宿蝴蝶网络

2. 网络编码的优势与不足

在多播通信中使用网络编码可使多播传输达到理论上的最大传输容量，从而获得更好的网络吞吐量。网络编码不仅能均衡网络负载、提升带宽利用率等，而且与其他应用结合能提升该应用系统的相关性能。相关研究证实，网络编码可以提高网络链接的鲁棒性，减小网络管理的开销[1][2]。在无线网络中应用网络编码技术能节省传输能耗、增加传输的安全性、提高移动终端的续航时间等[3][4]。在 P2P

① Ho T，Medard M，Koetter R. An information-theoretic view of network management. IEEE Transactions on Information Theory，2005，51(4)：1295-1312.

② Ho T，Leong B，Chang Y H. Network monitoring in multicast networks using network coding. IEEE International Symposium on Information Theory(ISIT)，2005：1977-1981.

③ Wu Y，Chou P A，Zhang Q. Network planning in wireless hoc networks：Across-layer approach. IEEE Journal Select Areas Communication，2005，23(1)：136-150.

④ Wu Y N，Kung S Y. Reduced-complexity network coding for multicasting over ad hoc networks. IEEE International Conference on Acoustics，Speech，and Signal Processing，2005：18-23.

文件共享系统中应用网络编码技术，不但能显著提高下载效率，而且能有效应对节点动态加入和离开、链路失效和网络带宽吞噬等问题[①]。

虽然网络编码优势明显，但是应用网络编码增加的开销不可忽视。应用网络编码增加了计算的复杂性，网络节点需要缓存足够的输入信息，因此编码操作不仅增加了传输时延，而且会给节点带来额外的 I/O、CPU 消耗。一些学者对网络编码的综合性能进行了初步的研究和探讨[②]。统计数据表明，即使应用最有效的随机网络编码，其编码和译码的时间也不容忽视[③]。此外，应用网络编码还存在同步问题，这主要是由于信宿节点必须等待收到足够的编码信息，才能开始解码。因此，同步问题给实时系统中应用网络编码提出了不小的挑战。

3. 网络编码的原理

网络编码根据网络节点对传输信息的操作方式可分为线性网络编码和非线性网络编码。目前网络编码的研究大多集中在线性网络编码。

网络通信中的网络节点以及通信链路可以由一个无环有向网络图 $G=(V, E)$ 来表示。其中，V 为网络节点（顶点），$E=V\times V$ 为通信链路（边）。设 S 为信源节点，$S\in V$，T 为信宿节点的集合，$T\subset V$，任一信宿 $t_i\in T$。$|V|$ 表示网络节点的数目，$|E|$ 表示链路的数目。链路 $l=(n, m)$ 表示链路 l 的起点为 n，终点为 m，记做 $o(l)=n$，$d(l)=m$。$\delta_i(n)$ 表示节点 n 的输入链路的集合，即节点 n 的入度，记作 $D_i(n)$；$\delta_o(n)$ 表示节点 n 的输出链路的集合，即节点 n 的出度，记作 $D_o(n)$；$\delta_i(o(e))$ 表示链路 e 的起点 $o(e)$ 的输入链路（可直接称为 e 的输入链路或父链路）。信源发出的信息、链路上传输的信息以及信宿节点接收的信息均以向量的形式表示，统称为信息流（information flow）。以下是线性编码的三个基本定义[④]。

定义 2.1（线性编码多播）　线性编码多播（linear code multicast，LCM），就是给无环有向网络 $G=(V, E)$ 中每个节点 $X\in V$ 赋予一个向量空间 $v(X)$，给每条链路 $e(X, Y)\in E$ 赋予一个编码向量 $x(XY)$，使：

(1) $v(S)\in\Psi$，Ψ 为信源发出的足够大的域 F_q 上 h 维符号向量空间；

① Gkantsidis C，Rodriguez P R. Network coding for large scale content distribution. Infocom Joint Conference of the IEEE Computer and Communications，2005，4（4）：2235-2245.

② Katti S，Rahul H，Hu W，et al. XORs in the air：Practical wireless network coding. IEEE/ACM Transactions on Networking（TON），2008，16(3)：497-510.

③ Ho T，Medard M，Koetter R，et al. A random linear network coding approach to multicast. IEEE Transactions on Information Theory，2006，52(10)：4413-4430.

④ Li S Y R，Yeung R W，Cai N. Linear network coding. IEEE Transactions on Information Theory，2003，49(2)：371-381.

(2)对于每条链路 XY，均有 $v(XY) \in v(X)$；

(3)对于任何非源节点集合 $P = V\{S\}$：$<\{v(T)|T \in P\}> \ = \ <\{v(XY)|XP,\ Y \in P\}>$。

其中，$< \cdot >$表示向量张成的空间。LCM 提供了以信息流描述网络中信息传输和编码操作的统一方式。

定义 2.2（本地编码向量）　在 LCM 中，如果将链路 $e \in E$ 上传输的信息流当成 e 的输入链路 $\delta_i(o(e))$ 上传输信息的线性组合，则该线性组合系数构成的向量称为链路 e 的本地编码向量（local coding vector）：le：$\delta_i(o(e)) \rightarrow \delta_i$，$i = |\delta_i(o(e))|$

定义 2.3（全局编码向量）　设 $b = [b_1,\ b_2,\ \cdots,\ b_n]$ 表示 LCM 中信源 S 输出的 F_q 上的 h 维信息流向量。如果将链路 $e \in E$ 上传输的信息流当成信源向量 b 各元素的线性组合，则该线性组合系数构成的向量称为链路 e 的全局编码向量（global coding vector）：ge：$\delta_o(S) \rightarrow \delta_h$，$i = |\delta_h(S)|$。

图 2.3 表示蝴蝶网络的本地编码向量与全局编码向量。其中图 2.3（a）指出 LCM 信源 S 发送的信息流为 $[b_1, b_2]$，各链路对应的本地编码向量和全局编码向量分别如图 2.3（b）和图 2.3（c）所示。链路 TW 传输的信息流为 b_1，UW 传输的信息流为 b_2，链路 WX 传输的信息流 $b_1 \oplus b_2$ 可看成 TW 和 UW 上信息的线性组合，其组合系数均为 1，因此链路 WX 的本地编码向量为 $[1, 1]$，如图 2.3（b）所示。另外，WX 传输的信息 $b_1 \oplus b_2$ 也可看成信源 S 发出信息流向量 $[b_1, b_2]$ 的元素 b_1 和 b_2 的线性组合，其线性组合系数也均为 1，因此其全局编码向量也为 $[1, 1]$，如图 2.3（c）所示。

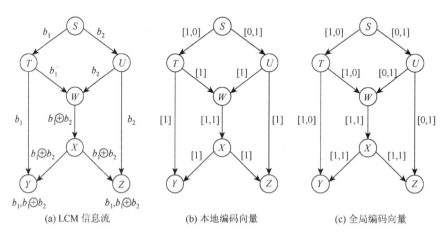

(a) LCM 信息流　　　　　(b) 本地编码向量　　　　　(c) 全局编码向量

图 2.3　蝴蝶网络的本地编码向量和全局编码向量

本地编码向量表示链路上传输的信息流与该链路的输入链路传输的信息流之间的映射关系；全局编码向量表示链路上传输的信息流与信源发送的信息流之间

的映射关系。这两种向量均可以构造出链路上传输的信息流向量，它们之间能相互转化。若 $g_e(e)$、$g_e(p_i)$ 分别表示链路 e，$p_i \in \delta_i(o(e))$ 的全局编码向量，$\mathrm{le}(p_i)$ 表示链路 $p_i \in \delta_i(o(e))$ 的局部编码向量，则有

$$g_e(e) = \sum_{p_i \in \delta_i\ (o(e))} \mathrm{le}(p_i)g(p_i) \tag{2.3}$$

二、网络编码技术在无线广播中的应用

1. 基于网络编码的无线广播分析

随着网络编码研究的不断深入，它如何与其他技术结合来提高服务效率越来越受到人们的关注。网络编码起源于多播传输，可以解决多播传输中的最大流问题。相关研究发现[1][2]，网络编码在无线广播网络中同样也可以提高网络的吞吐量，减少数据包的传播次数，从而降低无线发送能耗。本书通过图例阐述如何在无线广播中应用网络编码来提高服务效率，如图 2.4 所示。图 2.4 展示了一个基于请求的无线广播实例，图中包括一个服务器 S 和四个移动客户端 $c_1 \sim c_4$。服务器向移动客户端提供数据，客户端向服务器请求数据。每个客户端都拥有一个高速缓存，服务器拥有三个大小相同的数据项，它们分别是 $d_1 \sim d_3$。移动客户端 c_1 在其高速缓存中已存储 d_2 和 d_3。与此同时，c_2 已缓存 d_2 和 c_3、c_4 已缓存 d_1，客户端 c_1 和 c_2 同时请求 d_1，c_3 请求 d_2，而 c_4 请求 d_3。在没有应用网络编码的传统广播环境中，服务器在一个时间单元只能广播一个数据项，因此服务器必须独立广播 $d_1 \sim d_3$ 以满足所有客户。但如果使用网络编码，服务器就可以广播 $d_1 \oplus d_2$[3] 和 d_3。广播一次 $d_1 \oplus d_2$，c_1 和 c_2 可以同时从中解码得到 d_1，因为它们的高速缓存中有 d_2，而 c_3 可以从中解码得到 d_2，因为它拥有 d_1。广播的 d_3 可使 c_4 的请求得到满足。特别地，服务器在广播 $d_1 \oplus d_2$ 时，这些获得服务的移动客户端 ($c_1 \sim c_3$) 正在向服务器请求其他不同的数据项。

数据请求：d_1　d_1　d_2　d_3
　　　　　c_1　c_2　c_3　c_4
缓存数据：d_2　d_2　d_1　d_1
　　　　　d_3

图 2.4　基于请求的
无线广播实例

本例考虑非实时系统，每一个发送给服务器的请求都处于等待中，直到获得服务为止。在非实时

---

① Nguyen D，Tran T，Nguyen T，et al. Wireless broadcast using network coding. IEEE Transactions on Vehicular Technology，2009，58(2)：914-925.

② Zhan C，Lee V C，Wang J，et al. Coding-based data broadcast scheduling in on-demand broadcast. IEEE Transactions on Wireless Communications，2011，10(11)：3774-3783.

③ XOR 操作常被用来编码与解码数据项，因为使用 XOR 操作实现数据项的编码与解码较为简单，而且负载较小。

系统中，请求响应时间是评估系统性能最重要的指标，其被定义为从客户端发出请求的时刻开始到请求数据被客户端完整接收中间所经历的时间。为了比较传统广播系统与基于网络编码的广播系统之间的服务效率，对图 2.4 所示实例的服务时间进行量化，计算请求的响应时间。假设客户端发出的所有请求同时到达服务器，且不考虑服务器和客户端处理数据的时间，整个广播系统运行时间全部为传输数据项所耗费的时间。根据以上假设，在传统的广播环境中，客户端 $c_1 \sim c_4$ 提交的四个请求的总响应时间为 $1+1+2+3=7$。使用网络编码的环境中，总响应时间减小到 $1+1+1+2=5$。因此，在无线广播中利用网络编码可以进一步改进系统性能，提高系统的服务效率。

2. 无线数据广播下的网络编码原理

在无线数据广播环境中，主要应用编码技术对服务器准备广播的数据项序列进行编码。D 表示整个数据库数据项的集合，$D=\{d_1,d_2,\cdots,d_n\}$，$d_i \in D$ 表示服务器准备广播的数据项序列，E 表示被编码后的数据。若使用线性编码方法对广播的数据项序列进行编码，则被编码的数据 E 是即将广播数据项的线性组合，每个数据项 d_i 都附带一个系数 c_i，得

$$E=\sum_{i=1}^{n}c_id_i \qquad (2.4)$$

如果使用 XOR 操作进行编码，c_i 只有两种取值，即 0 或 1。需要被广播的数据项序列按照式(2.4)进行编码后得到 E。服务器直接通过信道将 E 发送给客户端。解码过程在客户端进行，客户端从 E 中解码出自己需要的数据项 d_i，其解码过程就是从 E 中求解这个 d_i。由式(2.4)可知，求解某个 d_i 必须拥有除 d_i 以外所有存在于编码 E 中的数据项信息。采用传统线性组合方法进行编码，就是将所有需要广播的数据项同时编码。这种编码方式导致的结果是客户端缓存必须保存除了自己请求的数据项 d_i 外所有广播的数据项，只有这样才能成功对 E 进行解码，缺少一个数据项，都会导致解码失败，无法获得自己需要的数据项。传统线性组合的编码方法在纯推数据广播模式中应用较为广泛，但在基于请求的广播调度中编码效率不高。

第三章　移动计算环境信息服务研究的方法论

第一节　信息广播服务评价方法

信息的特性决定数据广播的服务要求。根据信息的时限要求，信息广播服务可分为非实时数据广播服务与实时数据广播服务。下面分别介绍这两种数据广播服务的评价方法。

一、非实时数据广播服务评价方法

移动计算环境自身对带宽的特性导致非实时数据广播服务问题主要集中于提高数据访问效率的问题上[1]。对于非实时数据广播服务，移动客户端可以容忍在获取数据时出现失败。若本轮广播没收到它们需要的数据，它们可以等待直到下次再广播该数据时接收。访问时间和广播产出是评价数据广播服务性能的两个重要指标。

在基于请求的非实时数据广播环境中，移动客户端通过向服务器发出数据请求的方式来请求获得数据服务。请求的访问时间定义为从移动终端设备提出数据请求开始，直到移动终端设备得到所需数据为止所需要的时间，即数据请求的响应时间。对于推方式数据广播，客户端没有发送具体的数据请求给服务器，服务器根据数据项的访问概率，在一个广播周期内如何安排组织数据项出现的频次和具体位置，使移动终端客户所需数据的平均访问时间达到最小。访问时间决定移动终端设备数据查询的响应时间，因此移动终端设备数据查询的平均响应时间一般作为非实时数据广播服务的重要衡量标准之一[2][3]，反映数据广播系统服务效率。在非实时数据广播系统中，数据请求的平均响应时间定义为

$$数据请求的平均响应时间 = \frac{数据请求总的响应时间}{发送的数据请求总数}$$

---

① Xu J，Lee D L，Hu Q，et al. Data Broadcast(Handbook of Wireless Networks and Mobile Computing). New York：John Wiley & Sons，2002：243-265.

② Acharya S，Muthukrishnan S. Scheduling on-demand broadcasts：New metrics and algorithms. Proceedings of the 4th Annals ACM/IEEE International Conference on Mobile Computing and Networking，1998：43-54.

③ Chen J，Lee V，Liu K，et al. Efficient processing of requests with network coding in on-demand data broadcast environments. Information Sciences，2013，232：27-43.

数据请求的平均响应时间越短意味着数据广播服务系统响应速度越快，服务效率越高。

除了响应时间，广播产出[1][2]是另一个衡量数据广播服务效率的重要指标，其定义为服务器平均每次广播能满足的请求数量。对于单数据项请求，每次广播至少能满足一个请求。当广播热点数据时，一次广播能让多个请求该数据项的请求获得服务。响应时间由服务器的响应速度来衡量服务效率，而广播产出由服务的数量来衡量服务效率。在非实时数据广播系统中，平均广播产出定义为

$$\text{平均广播产出} = \frac{\text{成功获得服务的总请求数}}{\text{广播的数据项总数}} \times 100\%$$

服务器的平均广播产出越大意味着数据广播服务系统每次广播服务的客户端越多，从而服务效率越高。

二、实时数据广播服务评价方法

与非实时数据广播服务不同，实时数据广播需要考虑数据请求的时限要求。每个数据附带时间标签，有自己的服务截止期。在实时系统中，若任务能在绝对截止期内执行完成，则称该任务被成功调度。若任务超时，它会错失自己的截止期，则称该任务调度失败。移动客户端不能容忍数据超时服务，因为过时数据很可能对终端应用毫无计算或分析的价值，客户端只有在数据有效期内接收到需要的数据，才被认为是成功获得服务。当系统负载增加时，服务器的服务能力有限，有些数据会错过自己的服务截止期，而导致其服务失败。这里引用评价实时系统性能的重要指标，即截止期错失率[3]作为评价实时数据广播服务的重要参考。根据实时系统中的定义，截止期错失率是指系统中未被调度成功的任务数目与参加调度的任务总数目之比，它与调度成功率成反比。截止期错失率越高，则调度成功率越低。以实时系统中的截止期错失率为基础，结合数据广播服务的特点，定义请求的截止期错失率为

$$\text{数据请求截止期错失率} = \frac{\text{访问失败的数据请求的数目}}{\text{发送给服务器的数据请求总数目}} \times 100\%$$

访问失败的数据请求为无法在截止期内获得服务的数据请求，即错失截止期的数据请求。数据请求截止期错失率反映数据广播服务系统在截止期内成功服务

---

① Hameed S，Vaidya N H. Efficient algorithms for scheduling data broadcast. Wireless Networks，1999，5(3)：183-193.

② Vaidya N H，Hameed S. Scheduling data broadcast in asymmetric communication environments. Wireless Networks，1999，5(3)：171-182.

③ Xu J，Tang X，Lee W C. Time-critical on-demand data broadcast：Algorithms，analysis，and performance evaluation. IEEE Transactions on Parallel and Distributed Systems，2006，17(1)：3-14.

请求的能力。实时数据广播服务的主要目标是最小化请求截止期错失率。

在单数据项请求环境中，接收一个被请求的数据项等价于完全服务一个请求。但这种等价关系在多数据项请求环境中不成立。换言之，即使多数据项请求已接收大部分需要的数据项，但只要请求内还有一个数据项没有接收到服务，该请求就不能获得完全服务。带时限的请求要求所有数据项都必须在截止期内完成服务，若请求没能在截止期内接收所有需要的数据项，则该请求在错失截止期前接收到的所有数据项都失去了意义，因此广播这些无用数据项所使用的带宽被浪费。下面是服务器广播数据项的一个实例。假设请求 $Q_i = \{a, b, h, j\}$ 在时刻 t_1 到达服务器端，Q_i 的绝对截止期为时刻 t_2，如图 3.1 所示。从服务器的广播序列看，Q_i 未能在 t_1 与 t_2 之间接收到所有需要的数据项，数据项 b 的广播时刻已超过请求 Q_i 的绝对截止期。虽然 Q_i 在其截止期到达之前已陆续接收到数据项 a、h 和 j，但它在等待数据项 b 获得服务时错过了自己的截止期。因此，Q_i 最后被归为服务失败的请求，之前接收的数据项 a、h 和 j 都失去了价值。如果服务器能在 t_2 时刻之前广播数据项 b，之前接收的数据项 a、h 和 j 与 b 一起能为成功服务请求 Q_i 作出贡献。因此，在多数据项请求环境中，广播服务最重要的不只是最大化客户端接收的数据项数目，而且要最大化客户端被成功服务的请求接收的数据项数目。一个请求只有在截止期内接收它要求的所有数据项时，该请求才能成功获得服务。因此，提出新评价指标，即带宽节省率[①]，定义为

$$带宽节省率 = \frac{成功获得服务的数据项总数 - 广播的数据项总数}{成功获得服务的数据项总数} \times 100\%$$

带宽节省率反映多数据项请求环境里服务请求的效率。其值越大，说明广播的效率越高，能成功服务请求的概率越大；其值越小，说明无法获得成功服务的请求越多，虽然它们已接收了大部分要求的数据项，但不能在截止期内接收所有需要的数据项而最终因为等待超时而错过截止期，从而导致请求服务失败。该指标可以为负值，当大部分广播的数据项都无法使客户端的请求成功获得服务时，带宽节省率为负值。

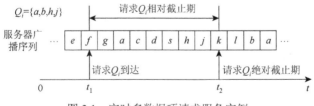

图 3.1　实时多数据项请求服务实例

---

① Chen J，Lee V，Ng K Y. Scheduling real-time multi-item requests in on-demand broadcast. Proceedings of the 14th IEEE International Conference on Embedded and Real-Time Computing Systems and Applications，2008：209-216.

第二节　信息缓存服务评价方法

信息缓存的目的在于提高移动客户端的数据访问效率，进而降低数据查询的响应时间。数据查询的响应时间与信息缓存服务关系密切。客户端有数据查询需求时首先会检查自己的缓存，观察需要的数据是否在缓存中。若需要的数据正好保存在缓存中，则直接调用缓存中的数据。此时，因为客户端无需向服务器寻求服务，所以查询该数据的响应时间较短。客户端只有在缓存中找不到自己需要的数据时，才会向服务器发出明确的数据请求。因此，信息缓存服务的好坏直接影响数据查询的响应时间。在固定数据广播服务策略的前提下，数据查询的平均响应时间也是评价信息缓存服务的重要指标[1]。在信息缓存服务视角下，数据查询响应时间定义如下：数据查询的响应时间是从客户端发出查询到满足查询之间的时间间隔。客户端的数据查询可分为以下两种情况：

(1)可以直接在客户端缓存中找到查询中请求的数据项，此数据查询的响应时间认为可以忽略不计。

(2)无法在客户端缓存中找到查询中请求的数据项。此时，客户端向服务器发出明确的数据请求。忽略客户端向服务器发送明确请求所需的时间，满足请求的响应时间是从请求到达服务器到所请求的数据项被接收的时间，即数据请求的响应时间。

因此，查询的平均响应时间可以定义为

$$查询的平均响应时间 = \frac{所有数据请求的总响应时间}{所有数据查询的总数目}$$

信息缓存服务效率高时，热点数据的查询都可以通过调用自身缓存信息完成，这使查询的响应时间进一步降低。该指标不仅是评估缓存服务的重要指标，而且是评估广播服务系统的整体性能的重要标准，因为它测量了系统的响应性。整个广播服务系统的首要目标是最小化平均响应时间。

命中率在传统缓存管理研究中是评价信息缓存服务效率的另一个重要指标。该指标适用于缓存大小相同的数据项的缓存管理策略的评价[2]。客户端数据查询的数据项在自身缓存信息中出现的现象称为命中。命中率是需要查询的数据项可以在客户端的缓存中找到的百分比，有

① Xu J L，Hu Q L，Lee W C，et al. Performance evaluation of an optimal cache replacement policy for wireless data dissemination. IEEE Transactions on Knowledge and Data Engineering，2004，16(1)：125-139.

② Ng K Y，Lee V，Hui C Y. Client-side caching strategies and on-demand broadcast algorithms for real-time dispatch systems. IEEE Transactions on Broadcasting，2008，54(1)：24-35.

$$命中率 = \frac{需要查询且出现在缓存中的数据项总数目}{需要查询的数据项总数目} \times 100\%$$

命中率是评估缓存信息管理的常用度量工具，客户端缓存信息服务的主要目标是增加命中率。如果一个请求的数据项可以在缓存中找到，响应时间认为是可以忽略的。因此，信息广播系统的总体性能与缓存命中率高度相关。

客户端某些应用需要的数据项大小不一致，这使客户端缓存的数据项也大小不同。命中率无法较好地评估变长数据项的信息缓存服务效率，因此引入一个新的评价指标，即 stretch[1]。stretch 定义为请求的访问时间与该请求获得的服务时间的比值，即

$$stretch = \frac{请求的访问时间}{该请求获得的服务时间} \times 100\%$$

请求获得的服务时间定义为被请求的数据项大小与广播带宽的比值。根据服务时间的定义，长度较短的数据项具有较短的服务时间和访问时间。相反，长度较长的数据项具有较长的访问时间。对于变长数据项广播服务仅通过数据项访问时间来评价服务效率是不公平的。stretch 很好地解决了该问题，其值越大，反映信息缓存服务的效率越低。因此，信息缓存服务的目标是尽量缩短数据项的访问时间，使 stretch 最小化。

第三节　信息广播服务系统仿真方法

一、CSIM 仿真工具介绍

离散事件系统仿真[2]是用计算机对离散事件系统进行仿真实验。这种仿真实验的步骤包括：画出系统的工作流程图，确定到达模型、服务模型和排队模型（它们构成离散事件系统的仿真模型），编制描述系统活动的运行程序并在计算机上执行这个程序。离散事件系统仿真广泛用于交通管理、生产调度、资源利用、计算机网络系统的分析和设计方面。

目前，离散事件系统仿真方法主要分为三类：面向事件（event-oriented）仿真、面向活动（activity-oriented）仿真和面向进程（process-oriented）仿真。在面向进程仿真方法中，仿真程序包含一系列进程描述（process description），每个进程描述在仿真系统中是一类活动实体。进程是描述活动实体的，它包含一组逻辑上相互关联的事

---

① Acharya S, Muthukrishnan S. Scheduling on-demand broadcasts: New metrics and algorithms. Proceeding of the 4th Annals ACM/IEEE International Conference on Mobile Computing and Networking，1998：43-54.

② 班克斯，等. 离散事件系统仿真（原书第 4 版）. 肖田元，范文慧，译. 北京：机械工业出版社，2007.

件。进程有活动、睡眠、已安排和终止四种状态。在仿真系统中，进程管理资源的作用是激活进程、运行进程以及终止进程。进程管理资源可以同时管理多个活动进程，使进程看起来像同时进入活动状态。伪并行(pseudo parallelism)就是这样一个进程管理资源，它能同时激活多个进程，是面向进程仿真的重要特征。面向进程仿真适用于并行程序执行环境，能有效评估新型体系结构下的程序行为。因此，面向进程仿真是开发计算机通信系统仿真模型的便捷工具。CSIM 是面向进程的典型代表，它是允许程序员使用 C 语言和 C ++ 语言编写面向进程仿真模型的离散事件仿真工具包[①]。CSIM 仿真模型由 C 语言或 C ++ 语言编写而成，仿真模型的执行主要通过运行时间库里的过程调用完成。仿真程序需要编译，它不是解释程序，其运行时间必须可接受。所有进程都拥有自己的数据存储空间(内存)和访问全局数据的权利。仿真环境是并行执行环境，进程是仿真环境中的基本执行单元。数据聚集非完全自动化，易于扩展。CSIM 提供了资源声明和资源使用，资源使用可由不同服务规范控制，并为仿真模型的执行过程提供追踪及为仿真事件记录日志。重要地，CSIM 提供了一组完整的对象(object)，这些对象可以用于构造各种系统的仿真模型。CSIM 支持的对象如下所示。

1) 进程(processe)

进程用于模拟系统中的活动实体。这些活动实体可以是作业中各个成员、客户端和服务器，或者系统中其他处于活动状态的部件。一个进程可以同时有几个活动实体，这些实体在仿真时间内看起来是并行执行的，而实际上它们在一个处理机上串行执行。注意不要混淆 CSIM 中定义的进程与传统操作系统中的进程，虽然两者概念相似，但在执行时区别较大。

2) 资源(facility)

资源是被进程使用或者占用的对象。可以分为：①单服务器资源(某一时刻只能服务一个进程)；②多服务器资源(可以同时为 n 个进程提供服务，n 是资源内定义的服务器个数)；③一组单服务器资源。

3) 存储器(storage)

存储器用于模拟分配给进程的资源。CSIM 存储器由一个计数器(显示可用的内存)与一个等待接受内存分配的进程队列组成。存储器集合由一组基本的存储器组成。

4) 缓冲区(buffer)

CSIM 缓冲区是分配给请求进程的资源，用来存储令牌。缓冲器由一个计数器和两个队列组成，两个队列分别是等待获得令牌的进程队列和等待放入(或返还)令牌至缓冲区的进程队列。

---

① Schwetman H. Csim19: A powerful tool for building system models. Proceedings of the 33rd Conference on Winter Simulation，2001：250-255.

5) 事件 (event)

事件用于控制和同步进程之间的交互。CSIM 的事件有两种状态：触发 (OCC) 和未触发 (not OCC)。进程可以改变事件的状态，也可以执行挂起或等待事件触发。当进程被挂起时，它可以加入进程集合；当事件被触发时，进程集合中的所有进程会同时恢复执行。被挂起的进程也可以加入进程等待队列，当事件被触发时，只有进程等待队列中第一个进程会被重新唤醒进入活动状态（允许运行）。当所有挂起进程恢复执行时，事件会被自动设置成未触发状态。

6) 邮箱 (mailbox)

邮箱用于进程之间的信息交换。CSIM 邮箱允许 CSIM 进程事件之间同步数据交换。所有进程可以向任意邮箱发送信息，也可以尝试从任意邮箱获取信息。表、Q 表以及盒子用于收集详细的统计信息（注意：系统自动统计相关资源消耗情况以及内存使用信息）。其中，表用于收集离散值序列的统计信息，如间隔时间、服务时间或响应时间；Q 表用于收集整型或浮点类型的时间函数的统计信息，如可用资源的数目，每次改变函数值都必须调用 CSIM 函数；盒子用于统计盒子里的实体个数和实体消耗的时间，实体可以是用户、信息或者资源。

7) 进程类 (process class)

根据需求，将各种资源统计信息进行分类。在某些模型中，为了方便统计，将进程中的实体根据某些规则分离，归入不同的类中进行统计。

8) 随机数 (random number)

随机数用于模拟随机数生成器。大部分仿真模型是由随机数驱动的，在这些仿真模型中，随机数表示到达间隔次数、服务次数、分配数量等。一种概率分布对应一种随机数应用。CSIM 提供了一系列根据概率分布产生样本随机数的函数。

二、信息广播服务系统仿真模型构建

移动计算环境客户端数量多，若搭建现实实验平台构建信息广播服务系统，不但成本高，而且还受软硬件及其他因素的限制和干扰，导致无法较好地评价影响信息广播服务的相关策略。因此，本书使用 CSIM 工具包对信息广播系统进行仿真模型的构建，后续章节所有实验分析均基于所构建的信息广播仿真系统。

信息广播仿真模型有客户端和服务器两个主体，包含一个服务器和若干客户端。服务器与客户端之间存在交互，而客户端之间不存在任何交互。所以，客户端之间相互独立，每个客户端向服务器发送一串数据请求，请求到达服务器后按照具体的排队策略插入用户请求队列中，请求队列采用单向链表结构。仿真系统中的服务器除了负责对数据进行调度，还合并了数据广播功能，其广播速率恒定。因此，仿真系统服务器需要实现的功能包括用户请求队列的设置、数据调度器以及数据广播器的设置。数据调度器按照具体的调度策略从数据库中选出优先级最高的数据项，并由广播器进行数据的传送。在整个仿真过程中，服务器不间断地广播数据，客户端持续监听广播信道去接收它们需要的数据项。仿真模型假设数据项在广播信道上传输时能同时被所有请求该数据项的客户端收到。在仿真模型中，服务器和每个客户端分别由一个进程模拟。通常客户端与服务器交互的仿真分为封闭式系统模型和开放式系统模型。封闭式系统模型规定每个客户端给服务器发出一个请求后必须等待，直到该请求获得服务后才能向服务器提交第二个请求。换句话说，客户端发出请求的时机受服务器服务效率的影响。这种模型在运行时，单位时间内系统承载的请求数是恒定的，即等于移动客户端的个数。因此，封闭式系统模型的系统负载不会很大，不适合模拟大规模数据访问行为。开放式系统模型是指每个客户端给服务器发送请求的时机仅取决于一个时间函数。该时间函数控制各个请求发送的时间间隔，客户端在发送后续数据请求时完全不考虑服务器是否已完成前面数据请求的服务。开放式系统仿真模型可以支持大规模客户端的数据访问，动态改变整个系统的工作负载。在实际信息广播系统服务中，移动客户端可能同时运行多个网络应用，需要从服务器连续不断地获取数据。封闭式系统模型服务完一个请求才能发送另一个请求的方式显然与实际信息广播服务系统不符，所以本仿真系统采用开放式系统模型。所构建的系统仿真模型如图 3.2 所示，构建系统所使用的主要参数及说明如表 3.1 所示。模型中，NUMCLIENT 表示客户端的总数目。由于随机服务系统的事件到达时间一般采用指数分布来描述，所以本仿真模型中用户请求到达时间间隔服从指数分布。每个客户端发送请求的时机由指数分布的函数决定。本仿真模型引入参数 f，通过 f 改变客户端的两个连续用户请求到达时间间隔来控制用户请求的到达速度。f 值越大意味着两个连续请求之间的间隔时间越短，用户请求到达服务器的速度越快，因而系统负载越大。BANDWIDTH 表示下行广播网络带宽，即数据的传输速度，本书假设所有的数据项大小相等，且均为 1KB。本仿真系统规定，客户端在发送数据请求和接收请求，以及服务器处理数据请求都不占用仿真时间。整个仿真系统中，只有数据广播阶段会消耗仿真时间，且广播一个数据耗费的时间为：一个数据项的大小/下行网络带宽。实际情况下，用户数据访问服从非均匀分布，表现出明显的偏斜，如典型的 80-20 现象，即 80%的访问请求落在 20%的数据项上。在常见的分布函数中，Zipf 定律[①]指出，若把单词出现的频率按由大到小的顺序排列，则每个单词出现的频率与它的名次的常数次幂存在简单的反比关系，它表明在英语单词中，只有极少数的词被经常使用，而绝大多数词很少被使用。Zipf 分布能

① Zipf G K. Relative frequency as a determinant of phonetic change. Harvard Studies in Classical Philology，1929，40：1-95.

较好地描述非均匀访问概率分布，这种数据访问分布与移动客户端信息访问的模式较为相似，并已被广泛应用于模拟数据库访问模式。因此，仿真模型采用 Zipf 分布模拟用户数据访问概率。数据项访问概率为

$$p_i = \frac{\frac{1}{i^\theta}}{\sum\limits_{i=1}^{N}\frac{1}{i^\theta}}$$

其中，N 表示数据库中所有数据项的数目；θ 表示 Zipf 分布的偏斜率，$0 \leq \theta \leq 1$。当 $\theta = 0$ 时，用户数据访问没有偏斜，数据项具有相同的访问概率，此时用户数据访问相当于服从均匀分布。当 $\theta = 1$ 时，用户数据访问服从标准 Zipf 分布，数据项访问严重偏斜，少数数据项被访问的概率非常高，其他大部分数据项被访问的概率较低。

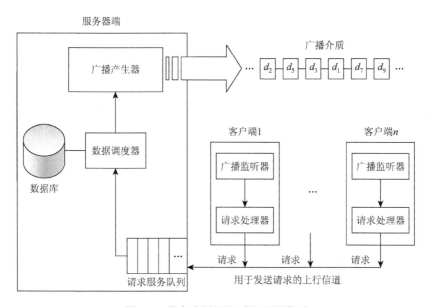

图 3.2　信息广播服务系统仿真模型

表 3.1　仿真模型参数说明

参数符号	描述
f	用户请求到达速度控制参数
NUMCLIENT	客户端总数目
DBSIZE	数据库数据项的总数目
BANDWIDTH	下行广播网络带宽
θ	Zipf 分布偏斜率

三、仿真模型运行时长控制

系统运行时长的控制对于仿真系统至关重要。人们设计仿真模型的主要目的是获取仿真模型的真正解决方案(true solution)。"真解"的含义为：达到规定的某种精度的统计结果，是真实有效的运行结果。想要获得有效的运行结果，首先必须保证这些结果是在仿真系统处于稳定状态时获取的。仿真系统在启动运行时存在对很多参数的初始化，系统此时运行状态不稳定，输出的结果前后差别较大，此时输出的结果不能反映系统的整体性能。所以，需要在仿真系统里设置输出结果的精度，若结果达到规定的精度，则输出，否则视为无效数据。仿真模型只有在有限的时间内运行才有意义，所以仿真模型一定要控制其运行时长。仿真模型在运行时必须解决的关键问题是如何设置仿真模型的运行时长才能使输出结果达到设定的精度。系统运行时长不能随意制定，仿真模型运行时间过短会导致系统的统计结果精度太低，因为此时系统还没有进入稳定运行状态。如果仿真模型已处于稳定运行状态，还让该模型继续不限时长地运行，既会浪费计算资源又会延迟仿真学习的完成时间。

CSIM 通过使用置信区间(confident interval)和运行长度控制函数来解决这个问题。置信区间表示近似值的精确程度，即所求真值所在的范围。置信区间包括区间正中央的点，即最接近真值的点和区间的半宽值，也称为区间的上限与下限。仿真程序运行长度控制函数的作用是控制仿真模型的运行时间和精度。其原型为 void table run length(TABLE t, double accuracy, double conf level, double max time)，参数 t 属于表类型，表用来存储仿真模型中性能评价指标的一系列统计信息，在仿真模型中，为了记录不同性能评价指标的多重统计信息，通常会根据需要对每个性能评价指标创建各自的统计表。第一个参数 t 表示选定某一性能评价指标。参数 accuracy 表示允许的最大相对误差，该相对误差是相对于性能指标平均值的误差。当要求的精度为小数点后一位时，该参数的取值通常为 0.1；当要求的精度为小数点后两位时，取值通常为 0.01，以此类推。参数 conf level 表示可信程度，该参数通常的取值范围为 0.9~0.99。参数 max time 表示仿真程序的最长运行时间。通常，仿真程序在性能评价指标的值达到要求精度时会自动终止运行，此时仿真程序的实际运行时间必然小于仿真程序设定的最长运行时间。如果性能评价指标的值无法在指定的最大运行时间内达到要求的精度，那么仿真程序将强制终止运行并输出一条警告信息。

为了确保实验结果是在系统处于稳定状态时获得的，本书使用 table run length()函数分别对实时和非实时数据广播系统设置仿真程序的运行时长。对于非实时数据广播服务系统，将是否达到请求的平均响应时间要求的精度作为终止仿真程序运行的标准。该函数各参数的具体设置如下：

　　　　　table run length（average response time，0.01，0.95，10000.0）

当请求的平均响应时间的可信程度达到 0.95，且半宽值小于请求的平均响应时间平均值的 1%时，仿真程序会自动终止运行。若请求的平均响应时间一直达不到要求的精度，则当仿真程序的运行时间达到 10000s 时会强制终止运行。

对于实时数据广播服务系统，将是否达到请求截止期错失率要求的精度作为终止仿真程序运行的标准。该函数各参数的具体设置如下：

　　　　　table run length（deadlinemiss，0.01，0.95，10000.0）

当请求截止期错失率的可信程度达到 0.95，且半宽值小于请求截止期错失率平均值的 1%时，仿真程序会自动终止运行。若请求截止期错失率一直达不到要求的精度，则当仿真程序的运行时间达到 10000s 时会强制终止运行。

第四章　移动计算环境动态信息广播调度算法比较

第一节　研 究 目 的

在实际应用中，一方面，移动客户端对数据有定时限制要求，并且这些数据随时间动态变化，如股票、交通状况信息；另一方面，移动客户端对数据的访问不再是单个数据项，用户请求很可能包含对多个数据项的访问，并且只有当这些数据项全部调度成功时，用户请求才能成功获得服务，这就是点播式广播环境下的多数据项广播调度。与传统单数据项广播调度相比，多数据项广播调度不仅要考虑数据访问概率和定时限制，而且要考虑被用户重复申请的数据项的处理，确保请求之间拥有平等调度机会等问题，使多数据项广播调度更加复杂。多数据项广播调度算法的研究已成为广播调度算法研究的一个重要分支。目前，关于多数据项广播调度算法的研究主要集中在纯推方式广播模式下的数据调度，属于静态数据广播调度。由于纯推方式广播模式与纯拉方式广播模式在体系结构上存在较大的差异，所以这些广播调度算法不适用于纯拉模式广播环境。此外，纯拉方式广播环境的动态广播调度研究全部基于单数据项请求的假设。虽然目前尚无点播式广播环境下多数据项广播调度的相关研究，但并不代表现存基于纯拉方式广播调度算法不能直接应用于多数据项请求环境。如果将现存基于点播式广播的经典动态算法移植到多数据项请求环境，这些基于单数据项广播的调度算法是否适用于多数据项广播调度？是否能有效处理实时多数据项请求？如果它们不能有效处理多数据项请求，什么原因导致它们性能下降？如果能找到导致算法性能下降的原因，如何针对根源从本质上解决算法性能下降的问题？本章将依次解答这些问题。

由于目前国内外尚无相关研究，本书在实时多数据项请求环境下分析六种经典动态调度算法的调度策略。通过详细比较各算法仿真实验的结果，发现在多数据项请求环境下，这些算法的调度策略会导致请求产生不同程度的饥饿问题，而请求饥饿问题是导致算法性能下降的根本原因，解决请求饥饿问题，就能解决算法性能下降的问题。针对分析结果，本书在总结实时多数据项广播调度特点的同时提出三种解决请求饥饿问题的可行方案。

第二节　动态信息广播调度算法特征分析

动态数据调度主要针对未知用户访问模式的应用环境，又称点播式广播调度。

与静态调度相比，它的一个核心研究课题是确定数据项广播优先次序。在实时多数据项广播环境下，本书对以下六种经典动态数据广播调度算法的调度策略进行分析研究。

1）FCFS 调度算法

Dykeman 等提出 FCFS 调度算法[①]，该算法按请求访问时间的顺序广播数据项。为了避免冗余广播，当广播一个数据项后，服务器在调度时不会重复考虑同样需要该数据项的其他请求。FCFS 调度算法是最简单的调度算法，它对时间因素以及数据欢迎度（data popularity）因素不敏感。在多数据项请求广播环境，根据 FCFS 调度算法的调度机制，一个请求内所有数据项应该具有相同的优先级。因此，服务器在调度数据项时，会平等对待请求内的所有数据项并连续、不间断地广播这些数据项。换句话说，当服务器选择服务一个数据请求时，它会顺序广播该数据请求内的所有数据项，直到该数据请求被成功服务或变得不可调度。

2）MRF 调度算法

Dykeman 和 Wong 提出 MRF 调度算法[②]，该算法优先广播具有最多请求次数的数据项，即每次广播的都是被访问最频繁的数据项，这些数据项称为热点数据项（hot data item）。MRF 调度算法只考虑数据项受欢迎度，每次广播都有最大的响应比（响应的请求数/总请求数）。当用户数据访问模式服从均匀分布且用户请求为单数据项时，MRF 调度算法能有效减少用户请求的平均访问时间。在多数据项请求环境下，根据 MRF 调度算法的调度机制，数据项的优先级由数据请求到达服务器的速度和数据访问模式共同决定，因此一个数据请求内的所有数据项具有不同的优先级。此时，服务器不能平等对待请求内包含的所有数据项，这些数据项也不能连续获得服务。

3）LWF 调度算法

Acharya 和 Muthukrishnan 提出 LWF 调度算法[③]，该算法优先广播总等待时间最长（即所有需求该数据项的请求在服务器端等待时间的总和）的数据项。LWF 调度算法在单数据项请求环境且用户数据访问模式不均匀时能有效减少请求的响应时间。根据其调度机制，数据项的总等待时间由数据项所在请求的等

① Dykeman H D，Ammar M H，Wong J W. Scheduling algorithms for videotext systems under broadcast delivery. Proceeding of International Conference of Communications，1986：1847-1851.

② Dykeman H D，Wong J W. A performance study of broadcast information delivery systems. Networks：Evolution or revolution. Proceedings of the 7th Annual Joint Conference of the IEEE Computer and Communications Societies，1988：739-745.

③ Acharya S，Muthukrishnan S. Scheduling on-demand broadcasts：New metrics and algorithms. Proceedings of the 4th Annual ACM/IEEE International Conference on Mobile Computing and Networking，1998：54.

待时间及该数据项被请求的次数共同决定。而数据项被请求的次数直接影响数据项的总等待时间，因此 LWF 调度算法是一个间接考虑数据项欢迎度的算法。当把 LWF 调度算法引入多数据项请求环境时，与 MRF 调度算法一样，服务器会分配不同的优先级给请求内的每一个数据项，从广播序列看，请求内的所有数据项会被分离广播。

　　4)RXW 调度算法

　　Aksoy 和 Franklin 提出 RXW 调度算法[①]，该算法选择具有最大 RXW 值的数据项进行广播。其中，R 表示数据项被请求的次数，W 表示当前请求服务队列中包含该数据项的请求的最长等待时间。RXW 值定义为数据项被请求的次数与包含该数据项请求的最长等待时间之积。在单数据项请求环境下，RXW 调度算法结合 MRF 调度算法和 FCFS 调度算法的优点，能很好地服务热点数据项以及长时间得不到服务的冷门数据项。它通过平衡热点数据项与冷门数据项的调度，具有较好的性能。但是，在多数据项请求环境下，依据 RXW 调度算法的调度机制，请求内包含的数据项依然不可能具有相同的优先级，因此请求内的数据项不能连续获得服务。

　　5)EDF 调度算法

　　EDF 调度算法优先广播具有最小截止期的数据项，即服务器优先广播最紧急的数据项。EDF 调度算法是实时系统中经典任务调度算法。Xuan 等把 EDF 调度算法引入点播式广播环境中[②]，并证实 EDF 调度算法能有效处理实时数据请求。在多数据项请求环境下，数据项继承了它们父请求的截止期，即一个请求内所有数据项的截止期与请求的截止期相同。因此，EDF 调度算法与 FCFS 调度算法相似，它们保证请求内所有的数据项具有相同的服务优先级，能平等对待请求内的所有数据项。但是，EDF 调度算法是典型的抢占式调度算法，根据 EDF 调度算法调度机制，当抢占出现时，一个正在接受服务的请求可能在服务中被强迫中止服务，被另一个更紧急的请求抢占服务器资源。此时，由于请求被中断服务，它包含的所有数据项也不能连续获得服务。

　　6)SIN 调度算法

　　Xu 等提出 SIN 调度算法[③]，该算法优先广播 SIN 值最小的数据项。SIN 值定义为数据项空闲时间与数据项被请求次数的比值。SIN 调度算法通过综合考虑数

　　① Aksoy D，Franklin M. RXW：A scheduling approach for large-scale on-demand data broadcast. IEEE/ACM Transactions on Networking(TON)，1999，7(6)：846-860.

　　② Xuan P，Sen S，Gonzalez O，et al. Broadcast on demand：Efficient and timely dissemination of data in mobile environments. Proceedings of the 3rd IEEE Real-Time Technology and Applications Symposium(RTAS'97)，1997：38.

　　③ Xu J，Tang X，Lee W C. Time-critical on-demand data broadcast：Algorithms analysis，and performance evaluation. IEEE Transactions on Parallel and Distributed Systems，2006，17(1)：3-14.

据紧迫性和数据访问频率来提高调度性能。它超越其他算法，是目前性能最好的实时单数据项请求调度算法。在多数据项请求环境下，SIN 调度算法的调度方式与 MRF、LWF、RXW 调度算法相似，服务器会根据数据项的优先级来选择广播的数据项。根据 SIN 调度算法调度机制，请求内的数据项的优先级一般不会相同，因此请求内包含的数据项不能连续获得服务。

第三节　动态信息广播调度算法仿真与性能分析

一、实时多数据项广播仿真模型

实时多数据项广播仿真模型要求仿真系统包含一个信息广播服务器和若干个客户端。各个客户端相互独立，且并行工作。换句话说，客户端可以同时向服务器发送数据请求，要求服务器为其提供服务。客户端发送的请求为实时多数据项请求，即发送的请求包含对若干个数据项的需求，并且每个请求都附带自己的服务截止期。一个请求中的数据项之间相互关联，客户端只有在请求的截止期到达之前收到该请求中需要的全部数据项，才被认为成功获得了服务。为了构建实时多数据项广播仿真模型，除了使用第三章提出的通用信息广播仿真模型，还需增加多数据项请求以及请求截止期的定义。仿真系统的参数定义及设置如表 4.1 所示。仿真系统中实时多数据项请求的截止期 DL 定义为

$$\mathrm{DL} = \mathrm{ArrivalTime} + (1 + \varepsilon)D\mathrm{ServiceTime}$$

其中，ε 表示最大松弛时间 LMAX 与最小松弛时间 LMIN 之间均匀分布的随机数；D 表示请求中最小数据项数目 DMIN 与请求中最大数据项数目 DMAX 之间均匀分布的随机数；ServiceTime 表示一个广播单元，即服务器广播一个数据项所需要的时间，它是数据项大小与广播信道带宽的比值。

表 4.1　仿真参数定义及设置

参数符号	默认值	取值范围	描述
f	30	10~75	用户请求到达速度控制参数
NUMCLIENT	30	10~50	客户端总数目
DBSIZE	200	100~300	数据库数据项的总数目
BANDWIDTH	100KB/s	—	下行广播网络带宽
LMIN	15s	5~30	最小松弛时间

续表

参数符号	默认值	取值范围	描述
LMAX	25s	10～50	最大松弛时间
DMIN	5	1～7	请求中最小数据项数目
DMAX	7	1～9	请求中最大数据项数目
θ	0.8	0～1.0	Zipf 分布偏斜率

二、性能评价指标

第三章提到实时多数据项请求的广播服务效率主要通过截止期错失率和带宽使用率体现。为了更深刻地剖析数据受欢迎度在不同数据访问模式下对信息广播调度算法性能的影响，除了使用以上两种评价整体服务性能的指标外，还引入下列三个评价指标。

1. 广播冷门数据项使用带宽百分比

当数据访问模式非均匀、数据访问偏斜较大时，热点数据项的受欢迎度明显高于冷门数据项。因此，在非均匀数据访问模式下，数据受欢迎度是影响算法性能的关键因素。在数据调度中考虑数据受欢迎度可以增大热点数据项的服务概率；而选择热点数据项进行广播可以提高广播带宽的使用率。考虑数据欢迎度是否也能提高冷门数据项的带宽使用率是一个值得研究的问题。因此，本书引入新指标，即广播冷门数据项使用带宽百分比。该指标不仅能衡量数据受欢迎度对算法性能的影响度，而且能反映算法中其他因素对数据受欢迎度的反作用。例如，广播冷门数据项使用带宽百分比较高，说明在生成调度决策时，算法调度策略中其他因素的权重大于数据受欢迎度，即它们对算法性能的影响大于数据受欢迎度。

2. 截止期错失请求中冷门数据项未被服务的百分比

在单数据项请求环境下，一次广播可以同时满足多个请求。因此，在数据调度中考虑数据受欢迎度可以提高算法的性能。在多数据项请求环境下，与之前的叙述相同，一个请求只有在截止期内接收所有需要的数据项，才能得到满足。也就是说，一个错失截止期的请求肯定包含一个或几个没有被服务的数据项。本书推测，在数据调度中考虑数据受欢迎度会增大请求在截止期到达时冷门数据项未被服务的可能性，而且这很可能是导致数据请求错失截止期的主要原因。为了证实有关数据受欢迎度造成影响的推测，本书提出两个新指标：截止期错失请求中冷门数据项未被服务的百分比，定义为截止期错失的请求中冷门数据项未被服务的请求数目与截止期错失的请求总数目的比值；截止期错失请求中只有冷门数据项未被服务的百分比。

3. 截止期错失请求中只有冷门数据项未被服务的百分比

这个指标源于截止期错失请求中冷门数据项未被服务的百分比，它定义为：截止期错失的请求中只有冷门数据项未被服务的请求数目与截止期错失的请求总数目的比值。这个指标可以说明请求中未被服务的冷门数据项是否为导致请求错失截止期的唯一原因。

三、实验结果及分析

本节分析比较六种现存动态调度算法（详细描述见本章第二节）在多数据项实时点播式广播系统中的实验结果。虽然这些算法不是专门针对多数据项请求环境而设计的，但将它们移植到多数据项请求环境较为容易。实验结果在仿真系统处于稳定状态时获得。

本节通过一系列实验同步研究各调度算法在单数据项请求环境与多数据项请求环境下的性能，并比较各算法在这两种不同环境下的实验结果。若客户端发送请求的速度相同，发送单数据项请求与发送多数据项请求所产生的系统负载是不相同的。为了更公平地比较各算法在这两种环境中的性能，在多数据项请求的实验中，当请求的大小增加（请求内包含的数据项数目增大）时，通过一定的比例调整（降低）数据请求的到达速度，始终维持系统负载不变，即保持数据项被请求的平均速度不发生变化。

1. 请求内包含数据项数目对算法性能的影响

图 4.1 表示请求包含的数据项数目变化时请求的截止期错失率。当请求只包含一个数据项时，为单数据项请求环境，此时各调度算法在截止期错失率上的相对顺序与 Xu 等[①]的实验结果一致。在实时单数据项请求环境下，SIN 调度算法的

---

① Xu J，Tang X，Lee W C. Time-critical on-demand data broadcast：Algorithms analysis，and performance evaluation. IEEE Transactions on Parallel and Distributed Systems，2006，17（1）：3-14.

性能最好，截止期错失率最低，MRF 调度算法和 FCFS 调度算法是性能最差的两个算法。当请求内包含的数据项增加时，所有算法的截止期错失率明显增大。换言之，在多数据项请求环境下，所有算法的性能随着请求内包含的数据项数目的增加而下降。事实上，当请求包含的数据项数目变化时，系统负载并没有发生变化。在整个过程中，客户端接收的数据项总数目基本没有发生变化。如果客户端接收的数据项总数没变，那么为什么当请求包含的数据项数目增多时，在截止期内成功获得服务的请求减少了呢？本书通过比较各个算法之间的性能发现，当请求包含数据项的数目较大时，某些算法性能急剧下降。意外地，当请求的数据项数目大于 5 时，FCFS 调度算法成为性能最好的算法，它的请求截止期错失率最低。而 SIN 调度算法的性能下降明显，当请求的数据项数目大于 7 时，它的请求截止期错失率甚至超过了 EDF 调度算法。

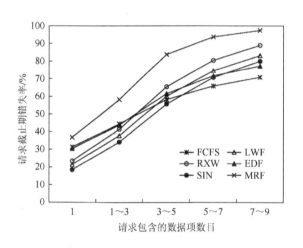

图 4.1　请求包含的数据项数目变化时请求的截止期错失率

　　图 4.2 表示请求包含的数据项数目变化时各算法的调度效率。对于单数据项请求，接收一个数据项等价于成功服务一个请求。因此，在单数据项请求环境下，算法的调度效率始终为 1。而在多数据项请求环境下，接收一个数据项显然不能满足一个请求的需求，且一个已被接收的数据项只有在它的父请求在截止期内成功获得服务时才有意义，否则这些已被接收的数据项毫无用处，广播它们只是浪费带宽。如图 4.2 所示，所有算法的调度效率随着请求内数据项数目的增加而下降，MRF 调度算法的调度效率下降尤其明显。在现存调度算法中，尽管客户端能接收大部分需要的数据项，但是接收的数据项并不是都有用，其中有一些数据项会因为它们的父请求不能在截止期内接收所有需要的数据项而失去意义。换句话说，在这些算法中，服务器并没

有对请求需要的所有数据项进行调度，更没有广播请求需要的所有数据项。这些算法在多数据项请求环境下以这样的方式调度数据项的原因是什么？为什么现存调度算法不能平等对待同一个请求内包含的所有数据项？本书将在下面的讨论中解答这些问题。研究现存调度算法在多数据项请求环境下的缺陷有助于了解多数据项请求环境的调度特性，设计通用性高、更适合多数据项请求环境的调度算法。

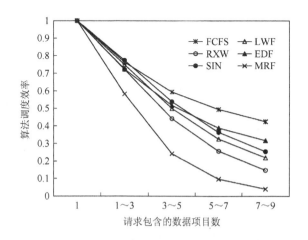

图 4.2　请求包含的数据项数目变化时各算法的调度效率

2. 数据欢迎度对算法性能的影响

以往关于实时数据广播调度的研究[①~③]证实，当数据访问模式偏斜时处理实时单数据项请求，考虑数据受欢迎度可以提高调度性能。但是，这些算法在单数据项请求环境下的良好性能并不能在多数据项请求环境下延续下去，如图 4.1 和图 4.2 所示。相反，它们的调度效率随着请求内包含数据项数目的增加而急剧下降。本书提出在多数据项请求环境下，考虑数据受欢迎度不一定能有效提高调度算法性能，甚至可能降低多数据项请求在截止期到达之前成功获得服务的概率。

为了分析数据受欢迎度因素在多数据项请求环境下对调度算法性能的影

① Joseph K N G, Lee V C S, Hui C Y. Client-side caching strategies and on-demand broadcast algorithms for real-time dispatch systems. IEEE Transactions on Broadcasting，2008，54（1）：1-12.

② Xu J, Tang X, Lee W C. Time-critical on-demand data broadcast: Algorithms analysis, and performance evaluation. IEEE Transactions on Parallel and Distributed Systems，2006，17（1）：3-14.

③ Wu X, Lee V C S, Joseph K N G. Scheduling real-time requests in on-demand data broadcast environments. Real-Time Systems，2006，34（2）：83-99.

响，必须追踪热点数据项与冷门数据项的服务情况。在下列一组实验中，数据访问偏斜率是主要测试参数，规定请求内热点数据项与冷门数据项共存，并规定每个请求内 85%的数据项为热点数据项，其余的 15%为冷门数据项。热点数据项的选择服从偏斜率为 θ 的 Zipf 分布，其中 $0 \leqslant \theta \leqslant 1$；冷门数据项的选择始终服从均匀分布。当偏斜率 $\theta = 0$ 时，数据访问模式服从标准均匀分布，所有数据项具有相同的访问概率，此时不区分热点数据项和冷门数据项。随着偏斜率 θ 的增大，热点数据项的访问概率明显偏斜，当 $\theta = 1$ 时，为标准 Zipf 分布，所有数据项不再具有相同的访问概率，热点数据项的访问概率要远高于冷门数据项。通俗地讲，此时热点数据项的受欢迎度要明显高于冷门数据项。图 4.3 表示不同数据访问模式下各算法的请求截止期错失率。以往研究[①]通过仿真实验证实，在单数据项请求环境下，调度算法的性能会随偏斜率 θ 的增大而上升。当数据访问模式高度偏斜时，一次广播可以同时满足更多请求的需求。在多数据项请求环境下，当偏斜率 θ 增大时，除 MRF 调度算法，其他算法性能的变化趋势基本与单数据项请求环境的相同。如图 4.3 所示，随着偏斜率 θ 的增大，MRF 调度算法的性能下降极其明显。虽然广播一个数据项不能直接成功地服务一个多数据项请求，但直观地讲，MRF 调度算法选择热点数据项进行广播应该比选择冷门数据项广播的效果好。然而，MRF 调度算法在新环境中的表现证实，在实时多数据项请求环境下单纯地使用数据受欢迎度作为算法的调度策略是没有效果、不可行的。

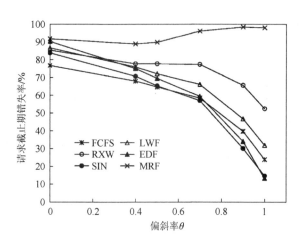

图 4.3　不同数据访问模式下各算法的请求截止期错失率

① Sharaf M A，Chrysanthis P K. On-demand data broadcasting for mobile decision making. Mobile Networks and Applications，2004，9(6)：703-714.

图 4.4 是不同数据访问模式下各算法广播冷门数据项使用带宽的百分比。当数据访问模式变得高度偏斜时，热点数据项的受欢迎度也会随之升高。此时，广播一个热点数据项，可以服务更多请求(对热点数据项有需求的请求)，因此广播热点数据项可以大大节省广播带宽。如何使用节省的广播带宽服务其他数据项呢？各算法根据自己的调度策略使用节省的带宽去广播热度较低的数据项(less-hot data item)或者冷门数据项。由于各调度算法的调度策略不同，所以各算法利用节省带宽来服务数据项的类别也不尽相同。因此，算法调度策略是导致各算法使用不同比例的带宽广播冷门数据项的主要原因。如图 4.4 所示，当偏斜率 θ 增大时，除 MRF 调度算法，其他算法用于广播冷门数据项的带宽百分比升高。在考察的所有算法中，只有两个算法在调度时没有考虑数据受欢迎度，即 FCFS 调度算法和 EDF 调度算法。但它们用于广播冷门数据项的带宽百分比高于其他所有算法。MRF 调度算法的带宽使用百分比是所有算法中最低的。SIN、RXW 和 LWF 调度算法在调度时除了考虑数据受欢迎度，还综合考虑了其他一些因素，因此这三个算法的带宽使用百分比介于 MRF 调度算法与 EDF 调度算法之间。

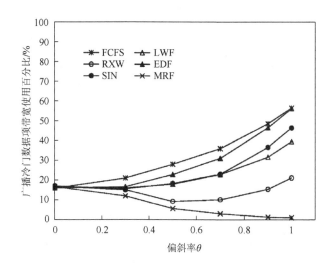

图 4.4　广播冷门数据项使用带宽百分比

当偏斜率 θ 趋近于 0 时，冷门数据项与热点数据项的受欢迎度相似。算法在调度时无论是否考虑数据受欢迎度，它都会平等地对待所有被请求的数据项，即平等对待热点数据项与冷门数据项。因此，所有算法在偏斜率 θ 趋近于 0 时，具有近似相同的冷门数据项带宽使用百分比，且百分比的值接近请求内冷门数据项所占的比例(15%)。

当偏斜率 θ 趋近于 1 时，数据访问模式高度偏斜。由于热点数据项的受欢迎度增大，可以节省更多的广播带宽来服务其他数据项。MRF 调度算法是一个在调度时只考虑数据受欢迎度的算法，它广播冷门数据项的带宽百分比最低。也就是说，MRF 调度算法使用广播热点数据项节省下来的全部带宽来服务低热点数据项，而完全没有考虑服务冷门数据项。MRF 调度算法分配给冷门数据项的广播带宽几乎为 0。在数据调度中，若算法综合考虑数据受欢迎度与其他一些因素，则这些因素会削弱数据受欢迎度对算法性能的影响，因此，RXW、LWF 和 SIN 调度算法的广播冷门数据项带宽使用百分比排在中间。在 RXW 调度算法中，等待时间过长的冷门数据项会被服务器调度并广播。LWF 调度算法在调度时考虑数据项的等待时间并间接地考虑数据受欢迎度，因此某些等待时间过长的冷门数据项可能会比一些热点数据项优先获得调度。SIN 调度算法证明，考虑请求截止期在调度紧迫数据项时效果明显，无论该紧迫数据项是热点数据项还是冷门数据项。因此，图 4.4 中 RXW、LWF 和 SIN 调度算法的顺序恰好反映了这三个算法中另外一些因素对数据受欢迎度的不同程度的反作用。FCFS 调度算法与 EDF 调度算法不考虑数据受欢迎度，只要冷门数据项包含在最早到达服务器的数据请求内或者最紧迫的数据请求内，该冷门数据项就会被调度并广播。

实时多数据项请求环境下最值得关注的问题是数据请求只有在截止期内接收它包含的所有数据项时，才能成功获得服务。当数据访问偏斜时，由于广播机制与数据受欢迎度的双重影响，热点数据项得到服务的机会远大于冷门数据项。因此可以推测，在数据访问模式高度偏斜时，大部分错失截止期的请求内包含少数没有被服务的冷门数据项。如果推测正确，这种状况正是请求出现饥饿问题的表现，饥饿问题会导致算法性能下降。图 4.3 和图 4.4 为本书的推测提供了初步证据，那些分配更多带宽给冷门数据项的算法有较低的请求截止期错失率。下面，本书通过分析截止期错失请求内热点数据项与冷门数据项的服务情况来证明以上推测。

图 4.5 是不同数据访问模式下，截止期错失请求内冷门数据项未被服务的百分比。有两个因素可能导致截止期错失的请求内包含未被服务的冷门数据。第一，广播机制自身的特性决定了广播一个热点数据项可以服务更多请求，如图 4.3 所示，请求截止期错失率会随偏斜率 θ 的增加而降低。然而，冷门数据项不能享受到广播机制这一特性带来的优惠，尽管错失截止期请求的数目在减少。在数据访问模式偏斜时，广播机制只能减小热点数据项没有获得服务的概率，这就解释了图 4.5 中所有算法的总体走势，截止期错失请求内冷门数据项未被服务的百分比随偏斜率 θ 增大而增大。第二，算法的调度策略决定了算法在调度数据时，热衷于选择热点数据项进行广播，不喜欢广播冷门数据项，这就增加了截止期错失的请求内包含未获得服务冷门数据项的概率，这是导致算法之间性能存在差异的主要因素。

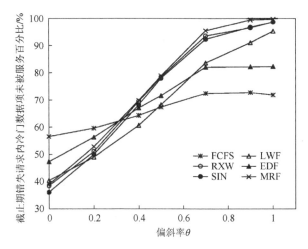

图 4.5 截止期错失请求内冷门数据项未被服务百分比

当偏斜率 θ 变化时，观察所有算法性能的变化趋势可以发现：FCFS 与 EDF 调度算法的截止期错失请求中冷门数据项未被服务百分比对偏斜率 θ 不敏感，变化曲线相对平缓，在大部分时间里，这两种算法能够保证同一个请求内包含的数据项不间断地、连续地获得服务，即这两个算法会平等对待请求内的热点数据项与冷门数据项。换句话说，尽管考虑广播机制与数据受欢迎度可使请求内大部分的热点数据项在较短的时间内获得满足，但是，截止期错失的请求内包含的未被服务的是否为冷门数据项与 FCFS 和 EDF 调度算法的调度策略无关，它们的调度机制不会侧重于服务请求内的热点数据项而遗留未被服务的冷门数据项。

当偏斜率 θ 趋近于 0 时，热点数据项与冷门数据项的受欢迎度相似。此时不存在真正意义上的热点数据项与冷门数据项。因为冷门数据项在请求内所占比例较小(15%)，所以服务请求内的所有冷门数据项应该比完成服务请求内的所有热点数据项容易。特别是在考虑数据受欢迎度的算法中，冷门数据项与热点数据项具有相同的概率被调度与广播，只有极少数请求内包含的冷门数据项未被服务。因此，当偏斜率 θ 趋近于 0 时，在考虑数据受欢迎度的调度算法中，错失截止期的请求内冷门数据项未被服务的百分比较低。

当偏斜率 θ 趋近于 1 时，除受广播机制效应与数据受欢迎度的双重影响，在调度中考虑数据受欢迎度的算法肯定会对热点数据项更感兴趣，因此在截止期错失的请求内留下冷门数据项未被服务的可能性就更大。

图 4.6 是不同数据访问模式下，截止期错失请求内只有冷门数据项未被服务的百分比。与图 4.5 相比，图 4.6 更能体现不同算法的截止期错失请求内未被服务的冷门数据项的重要性。图 4.6 的实验结果说明，广播机制效应与数据受欢迎度的双重影响是直接导致截止期错失请求内只有冷门数据项未被服务的主要原因，

这与图 4.5 的解释相近。当偏斜率 θ 增大时，请求内的热点数据项更容易获得服务，大部分请求都是在等待冷门数据项接受服务时由于定时限制而最终错失截止期的。因此，在图 4.6 中，当偏斜率 θ 增大时，所有算法都处于上升趋势。

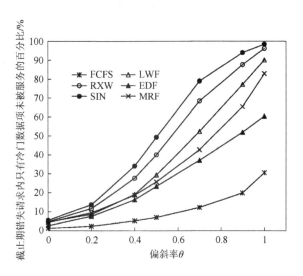

图 4.6　截止期错失请求内只有冷门数据项未被服务的百分比

当偏斜率 θ 趋近于 0 时，热点数据项与冷门数据项有相似的受欢迎度，而且热点数据项在一个请求内所占比例较大，因此截止期错失请求内只有冷门数据项未被服务的可能性很小。当偏斜率 θ 增大时，FCFS 调度算法能够平等对待请求内包含的热点数据项与冷门数据项，因此请求内未被服务的数据项全部是冷门数据项的可能性较小。换句话说，使用 FCFS 调度算法调度数据，截止期错失请求内未被服务的数据项通常同时包含热点数据项与冷门数据项。虽然 EDF 调度算法也能平等对待请求内包含的热点数据项和冷门数据项，但是它考虑请求截止期的特性使更多请求可以在截止期内被成功服务（图 4.3），因此 EDF 调度算法的截止期错失请求内只有冷门数据项未被服务的百分比高于 FCFS 调度算法。考察其他四个算法，MRF 调度算法的截止期错失请求内只有冷门数据项未被服务的百分比最低，这是图 4.6 与图 4.5 的主要区别。MRF 调度算法在调度时缺少对请求截止期的考虑，即使 MRF 调度算法几乎使用全部带宽来广播热点数据项（图 4.4），依然有很多请求错失截止期。在这些截止期错失请求内未被服务的数据项通常同时包含热点数据项与冷门数据项。其他三个调度算法除考虑数据受欢迎度，还增加了对数据截止期或等待时间的考虑，例如，热度与紧迫度高的数据项优先被考虑调度。热点数据项随着时间的流逝会逐渐成为紧迫数据项，在它们的父请求即将达到截止期时，这些热点数据优先被调度并广播给客户端。如果请求没能在截止期内成功被服务，那么请求内一定只剩下没有机会获得服务的冷门数据项。这解释了这些算法的截止期错失请求内只有冷门数据项未被服务的百分比 MRF 调度算法高的原因。

　　以上实验结果显示，在数据访问模式高度偏斜时，调度算法若考虑数据受欢迎度会导致大部分截止期错失请求内包含未获得服务的冷门数据项。图 4.7 和图 4.8 进一步阐述了这个问题的严重性。图 4.7 表示错失截止期的请求在不同数目的未服务数据项下所占的比例。图 4.8 显示一个数据项未被服务而导致截止期错失的请求内未被服务的热点数据项与冷门数据项的比例。SIN、LWF 和 RXW 调度算法在调度中同时考虑数据受欢迎度、截止期或等待时间，大部分截止期错失的请求内只有一个数据项未获得服务。EDF 与 MRF 调度算法在调度中分别考虑数据截止期与数据受欢迎度，在它们的截止期错失请求内，只有一个数据项未获得服务的截止期错失请求所占比例低于 SIN、LWF 和 RXW 调度算法。而在 FCFS 调度算法中，只遗留一个数据项未获得服务的截止期错失请求的比例最低。在已经错过截止期的请求中，遗留下少数，甚至一个未获得服务的数据项是调度多数据项请求效率低的表现。因为截止期错失的请求属于服务失败的请求，服务失败的请求对系统没有任何价值和意义，所以用于广播这些请求内已经获得服务的数据项所使用的带宽被浪费。SIN、LWF 和 RXW 调度算法显然在这方面表现很差，它们更喜欢服务请求内紧迫度高的热点数据项，而在大多数截止期错失的请求内留下一个未被服务的冷门数据项(图 4.8)。虽然在 MRF 调度算法中，只有一个数据项未获得服务的截止期错失请求的比例不高(图 4.7)，但是未获得服务的数据项几乎全是冷门数据项(图 4.8)。MRF 调度算法不考虑截止期，紧迫度再高的冷门数据项也不会被广播，最后这些数据项的父请求会因为没在截止期内接收所有的数据项而宣告服务失败。虽然 EDF 与 MRF 调度算法在截止期错失的请求内只有一个数据项未获得服务的比例相近(图 4.7)，但在 EDF 调度算法中，20%的未获得服务的数据项为热点数据项，而在 MRF 调度算法中，90%以上未获得服务的数据项为冷门数据项，如图 4.8 所示。根据 EDF 调度算法的调度机制，无论数据是热点数据项还是冷门数据项，它永远服务紧迫度高的数据项，因此它会服务紧迫度高的冷门数据项。在服务多数据项请求时，有一点必须注意，EDF 调度算法允许抢占的发生，即请求在接受服务时，会被另一个紧迫度更高的请求抢占服务器，这会导致截止期错失的请求包含一个未被服务数据项的概率增大。只要请求还没超时，FCFS 调度算法不考虑请求内数据项是热点数据项还是冷门数据项，它是唯一可以保证连续不间断地服务请求内所有数据项的算法，FCFS 调度算法在图 4.7 和图 4.8 中都拥有最低的比例。因此，从各算法在处理多数据项请求的调度策略来看，FCFS 调度算法可以看成基于请求的调度算法，即将数据项集合作为完整的广播调度单位。而其他算法忽视将请求看成一个整体来实施调度，因此它们全属于基于数据项的调度算法。在多数据项请求环境下，不把请求作为完整广播调度单位的算法在请求即将被成功服务时(只有下一个数据项未获得服务时)，无法保证请求内剩下的数据项获得服务而导致请求最终获取服务失败。在这些算法中,即使调度广播紧迫度高的请求内最受欢迎的数据项,请求还是可能被服务失败,因为请求内一到两个访问概率低的(冷门)数据项一直不能获得服务直至请求超时。在实时多数据项请求环境下,一个请求在较短的时间内接收大部分它需要的数据项,而等待剩余少数或一个数据项获得服务的时间超长直至请求错失截止期,这种现象称为多数据项请求内的饥饿问题。以上测试的大部分算法都会导致请求出现严重的饥饿问题,而这种饥饿问题会导致请求服务失败,是算法性能下降的根源。

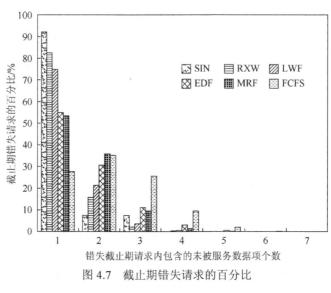

图 4.7   截止期错失请求的百分比

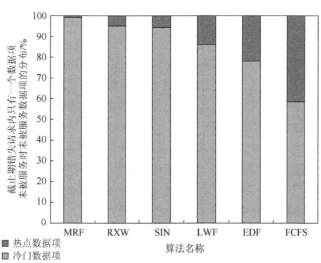

图 4.8   截止期错失请求内只有一个数据项未被服务时未被服务数据项的分布

总结以上实验结果，各算法在多数据项请求环境下的总体表现归纳如下：

(1)基于单数据项请求的调度算法在多数据项请求环境下性能下降明显。

(2)MRF 调度算法是一个只考虑数据受欢迎度的调度算法，在实时多数据项请求环境下进行数据调度完全无效。

(3)SIN、RXW 和 LWF 调度算法在调度数据项时，考虑数据受欢迎度和请求时间的选择(截止期或等待时间)会导致请求出现严重的饥饿问题。实验结果显示，大部分截止期错失的请求内只有一个数据项没有得到服务，而且这个数据项为冷门数据项。

(4)EDF 调度算法是一个赋予请求内能将热点数据项与冷门数据项作为同等优先级的调度算法，但因为它在调度时使用抢占机制，所以同样存在饥饿问题。

(5)FCFS 调度算法不区别对待热点数据项和冷门数据项，把请求作为完整广播调度单位，它不会导致请求出现饥饿问题。

从各调度算法总体表现可以看出，在多数据项请求环境下，调度请求(把请求作为完整广播调度单位)比调度数据项(把数据项作为完整广播调度单位)的效率高。当系统处于负载动态变化或不同数据访问模式的环境时，简单、静态地使用请求截止期和数据受欢迎度作为调度实时多数据项请求的策略，会导致请求出现严重的饥饿问题。

第四节　可行解决方案

在处理实时多数据项请求时，如果请求出现严重的饥饿问题，该请求就不可能在规定的时限内成功获得服务。这不仅会导致截止期错失请求数目增加，而且给用于服务这些截止期错失请求的带宽造成了浪费，导致广播带宽使用效率下降。饥饿问题是导致系统性能下降的主要因素。因此，在实时多数据项请求环境下，必须尽可能地解决饥饿问题，这样才能提升算法的调度性能。根据以上实验的分析与比较，本节提出三种解决饥饿问题的可行方案。

1. 基于数据项的动态调度方案

与现存大部分算法的调度策略相似，基于数据项的动态调度方案是基于数据项优先权的调度方案，即把数据项作为完整广播调度单位。该方案除了使用数据受欢迎度、请求截止期以及请求等待时间这些常用因素来计算被请求数据项的优先级，还会在数据项的优先级中综合考虑多数据项请求的调度特性，根据请求的被服务情况动态调整各因素的权重。当请求接受服务一段时间后，请求内部分数据项已经获得满足，此时应该调整请求未获得服务数据项截止期的权重使其大于数据受欢迎度的权重。这样，在请求即将到达截止期时，通过调整各因素所占的权重可使请求包含的冷门数据项的优先级高于热点数据项，服务器根据数据项优先级进行调度，冷门数据项会优先被调度并广播。根据请求的服务情况来决定调度的数据项，可以进一步减轻请求产生饥饿的问题。如果一个请求即将被服务成功（请求内只有少量或一个数据项未被服务），这些未被服务的数据项将被赋予更高的优先级，优先被服务器选择服务。这样，请求就不会在时限内等不到想要的数据项而导致请求超时，最终错失请求截止期。

2. 基于请求的调度方案

在单数据项请求环境下的调度中，考虑请求截止期与数据受欢迎度可以提高算法性能。显然，基于请求的调度就是把请求作为完整广播调度单位。该方法可以保证请求内的数据项连续不间断地获得服务。本书认为在多数据项请求环境下，整体考虑请求截止期和请求的受欢迎度也可以进一步提高算法性能。该方法需要根据请求截止期与请求受欢迎度计算请求的优先级。但是，通常数据受欢迎度反映的是数据项的受欢迎度（访问频率高的数据项）而非完整请求的受欢迎度，不适用于多数据项请求环境。如何设计请求受欢迎度是该方案的关键问题。请求受欢迎度不仅要能反映请求内数据项的受欢迎度，而且更需要反映请求的被服务情况，即将完成服务的请求应该被赋予较高的请求受欢迎度，这样可以进一步避免饥饿现象的发生。

3. 混合调度方案

混合调度方案是以上两种方案的结合。从服务请求来看，完全基于请求的调度方案属于非抢占式调度方案。服务器一旦选定一个请求进行服务，它会连续不间断地服务该请求，直到该请求被成功服务。服务期间，不允许其他请求抢占服务器资源。即使此时用户服务队列中有紧迫度更高的数据请求，非抢占式调度方式也不允许服务器放弃对当前请求的服务而优先服务紧迫度更高的数据请求，该请求不能及时获得服务器资源而最终导致错失请求截止期。因此，在实时环境下，抢占式调度更适用于处理紧迫请求，它的调度效果更好。把抢占机制引入基于请求的调度方法后，整个调度过程变成了两个阶段：①基于请求的调度；②基于数据项的调度。首先根据请求优先级选择被服务的请求，然后根据数据项优先级选择被广播的数据项，请求优先级与数据项优先级的设计是该方法的关键问题。

第五章　实时多数据项信息广播调度方案

第一节　研究动机

　　目前，大部分基于单数据项请求的调度算法在执行调度时从数据项的角度设计调度策略，把数据项作为完整的广播单位。在单数据项请求环境下，被要求访问的数据项之间没有任何联系、互相独立，接收一个被请求的数据项等价于成功服务一个请求。但当请求同时要求对多个数据项进行访问时，请求需要访问的这些数据项不再是独立的个体，它们之间存在一定的相关性。一个实时多数据项请求只有在其截止期内接收所有需要的数据项才能成功获得服务。由于传统数据调度算法缺乏考虑请求与它所需要访问的数据项之间的关系，所以在多数据项请求环境下，它们不一定是一种有效的数据调度方式。尽管基于单数据项请求的高效调度算法可以让客户端接收更多需要的数据项，但是不把请求看成一个服务的整体可能会导致请求在即将错失截止期时，请求内仍然存在少数它需要、却没能获得服务的数据项。换句话说，虽然选择紧迫度最高、被请求次数最多的数据项进行广播，但是缺少考虑请求的服务状态，如请求内未被服务的数据项数目、请求在用户服务队列中的等待时间以及请求的空闲时间等，会导致很多即将成功获得服务的请求产生饥饿问题而错失自己的截止期，最后，整个请求服务失败。这些错失截止期的请求已接收大部分自己需要的数据，只遗留少量或一个还未获得服务的数据项，因此它们被称为近似完全服务请求(nearly satisfied request)。

　　在多数据项请求环境下，若等待服务的请求在较短的时间内接收大部分需要的数据项，而耗费较长的时间等待剩余少量数据项获得服务，此时则认为该请求出现饥饿现象。在大多数情况下，这些处于饥饿状态的请求由于等待时间过长，无法在截止期内接收那些剩余的、还未被服务的数据项。因此，在多数据项请求环境下，饥饿问题是导致调度效率和带宽使用效率下降的主要原因。因为这些近似完全服务请求属于服务失败的请求，它们虽然在截止期错失前接收大部分需要的数据项，但当它们错失截止期后，这些已经接收的数据项不能给用户带来价值，从而给用于广播这些数据项使用的带宽造成浪费。本书通过第四章对现存算法调度机制的深刻分析，证实在多数据项请求环境下，将数据项作为独立的个体考虑来进行调度会导致请求出现严重的饥饿问题，而饥饿问题是基于单数据项请求调度算法性能下降的根本原因。在实时广播系统中，服务器在调度请求之前需要对请求进行可调度性检查。可调度性检查是实时系统调度中的重要环节，调度算法通过可调度性检查来保证调度的效率。在基于单数据项请求调度算法中，可调度性检查的实施停留在数据项阶段，即每次调度数据项之前判断所有被请求访问的数据项的可调度性。服务器检查所有被请求的数据项的时限，如果数据项剩余的空闲时间比一个广播单位(广播一个数据项所需要的时间)少，那么无论是否选择该数据项在下一轮广播，该数据项都会在下一轮广播的途中超时。因此，该数据项被鉴定为不可调度的数据项，其不参与数据项的整个调度过程。在多数据项请求环境下，数据项之间不再相互独立，仅对数据项执行可调度性检查会导致算法性能下降。下面是一个在多数据项请求环境下只对数据项执行可调度性检查的例子。t 时刻，请求 Q_i 处于活动状态(请求在截止期到达之前处于活动状态)，但是该请求的空闲时间比传输请求内所有还未被服务的数据项所耗费的总时间要短。换言之，此时就算服务器连续广播该请求内需要访问的数据项，请求仍然无法成功获得服务。虽然此时该请求还处于活动状态，且根据数据项的可调度性检查策略，它内部未被服务的数据项均被鉴定为可调度的，但是无论广播哪个数据项，该请求最终会因为剩余空闲时间过短，而在等待自己需要的数据项时错过自己的截止期。在这种情况下，广播该请求内等待服务且通过数据项可调度性检查的数据项等于浪费广播带宽资源，因为请求无法成功获得服务。因此，在多数据项请求环境下，单一的对数据项进行可调度性检查会导致广播带宽利用率下降，这种方法是不可行的；必须把请求看成一个整体，从请求的角度来执行请求可调度性检查。

第二节　实时多数据项广播问题理论建模及分析

根据实时多数据项请求的调度特性设计广播调度算法并不难，困难的是从理论上分析广播调度的最优性能。为了进一步分析多数据项请求的调度性能，一方面，需要从理论上对实时多数据项请求广播调度问题建模，分析当请求到达速度趋近于无穷大时，最小请求截止期错失率的理论值；分析多数据项请求截止期错失率下界，不仅有利于从理论上分析数据项广播带宽的最优分配，而且对在线动态调度算法性能的评价有一定的指导意义。另一方面，从理论上分析数据广播带宽利用率，进一步证实本书对于饥饿问题导致请求截止期错失率增加从而使广播带宽利用率下降的推测。

1. 实时多数据项广播调度问题数学模型

实时多数据项广播调度问题数学建模所用到的符号及说明如表 5.1 所示。

表 5.1　数学模型符号定义

符号	描述
N	表示可用于访问的数据项数目
λ	表示请求到达速度
p_i	表示数据项访问概率
λ_i	请求数据项 i 的速度，$\lambda_i = p_i \lambda$
s_i	数据项 i 实例的广播间隔时间
l	广播单位
$F(t)$	相对截止期的累积分布函数
$\eta(s_i)$	当数据项 i 实例广播间隔时间为 s_i 时，数据项 i 的服务失败率
$\eta(s_1, s_2, \cdots, s_N)$	多数据项请求截止期错失率
n	请求内数据项数目的平均值
m	截止期服从指数分布时，相对截止期平均值
a	截止期服从均匀分布时，相对截止期最小值
b	截止期服从均匀分布时，相对截止期最大值

在模型中，服务器内包含 N 个可访问的数据项，假设数据项长度全部相等。每个请求要求同时访问服务器上的多个数据项，且请求要求同时访问数据项的平均数目（请求的平均长度）为 n，其中 $1 \leqslant n \leqslant N$。每个数据项的访问概率为 p_i，可以得到以下结果：

$$n\lambda = \sum_{i=1}^{N} \lambda_i \Rightarrow n = \sum_{i=1}^{N} \frac{\lambda_i}{\lambda} \Rightarrow n = \sum_{i=1}^{N} p_i \tag{5.1}$$

其中，λ 与 λ_i 分别表示请求到达服务器的速度与要求访问数据项 i 的速度。

图 5.1 为数据项 i 在时刻 t 与时刻 τ 的两个连续的广播实例。假设一个要求访问数据项 i 的请求在无限短的时间间隔 $[t, t + \Delta t]\,(0 < t < \tau)$ 内到达服务器端。若请求的相对截止期小于 $\tau - t$，该请求就不能成功获得服务。此外，当请求到达速度趋近于无穷大时，在任意无限短的时间间隔 Δt 内访问数据项 i 的请求总数目的近似值为 $\lambda_i \Delta t$，其中，λ_i 为请求要求访问数据项 i 的速度。因此，在时间间隔 $[0, \tau]$ 内到达服务器端，且要求访问数据项 i 的请求的服务失败率可表示为

$$\frac{\int_0^\tau F(\tau - t)\lambda_i \mathrm{d}t}{\int_0^\tau \lambda_i \mathrm{d}t} = \frac{1}{\tau} \int_0^\tau F(\tau - t)\mathrm{d}t \tag{5.2}$$

其中，$F(t)$ 表示相对截止期的累积分布函数（cumulative distribution function，CDF），即相对截止期小于 t 的概率。

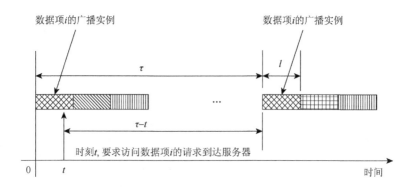

图 5.1　数据项 i 的广播实例

若 s_i 表示数据项 i 的广播时间间隔，即图 5.1 中由 τ 表示的数据项连续两个广播实例的时间间隔，$i = 1, 2, \cdots, N$。被请求数据项 i 的服务失败率为

$$\eta(s_i) = \frac{1}{s_i} \int_0^{s_i} F(s_i - t)\mathrm{d}t \tag{5.3}$$

客户端发送多数据项请求给服务器，请求自己需要的数据。对于一个多数据项请求，当它在服务器端选择需要访问的数据项时，数据库的每个数据项只可能出现以下两种访问情况。

1）数据项被选中

该数据项为多数据项请求需要访问的数据项。由于 p_i 表示数据项 i 的访问概率，数据项 i 被选中的概率为 p_i，所以被选中的数据项获得服务失败的概率为 $p_i[1 - \eta(s_i)]$。

2）数据项没有被选中

该数据项不是请求需要访问的数据项。数据项 i 没有被请求选中的概率为 $1 - p_i$。若请求没有要求访问数据项 i，则数据项 i 服务失败和请求是否获得服务成功没有关系，即数据项 i 的服务情况不影响请求的截止期错失率。

综合考虑数据项 i 的以上两种访问情况，数据项 i 可以成功获得服务的概率为

$$p = p_i[1 - \eta(s_i)] + (1 - p_i) \tag{5.4}$$

在单数据项请求环境下，请求只要接收服务器广播的一个数据项就能成功获得服务。而在多数据项请求环境下，请求就算接收绝大部分需要的数据项，只要有一个数据项在请求截止期到达时还没有获得服务，该请求就不能成功被服务。换言之，多数据项请求只有在截止期内接收它需要访问的所有数据项时，才能成功获得服务。因此，为了让请求不服务超时，必须保证请求需要访问的所有数据项都成功获得服务。若每个请求随机从 N 个数据项内选取若干个自己需要访问的数据项，且每个请求选取数据项的平均数目为 n，则根据式(5.4)，请求的截止期错失率为

$$
\begin{aligned}
\eta(s_1, s_2, \cdots, s_N) &= 1 - \prod_{i=1}^{N} \{p_i[1-\eta(s_i)] + (1-p_i)\} \\
&= 1 - \prod_{i=1}^{N} [1 - p_i\eta(s_i)]
\end{aligned}
\tag{5.5}
$$

假设服务器的广播单元为 l，其表示服务器广播一个数据项所需要的时间，若数据项 i 的广播间隔时间为 s_i，则广播数据项 i 所需要的广播带宽为 l/s_i。因此，所有数据项的广播间隔时间 $s_1, s_2, \cdots, s_N$ 必须满足条件

$$
\sum_{i=1}^{N} \frac{l}{s_i} = 1 \Rightarrow \sum_{i=1}^{N} \frac{1}{s_i} = \frac{1}{l}
\tag{5.6}
$$

2. 请求截止期错失率下界分析

在实时系统中，截止期错失率是直观反映调度算法性能的主要指标。本节从理论上分析当数据项广播间隔时间 s_i 满足式(5.6)，相对截止期服从指数分布和均匀分布时，多数据项请求的最小截止期错失率分析如下。

1) 相对截止期服从指数分布时请求的最小截止期错失率分析

相对截止期服从指数分布且数学期望为 M 时，CDF 为

$$
F(t) = 1 - \mathrm{e}^{-\frac{t}{M}}, \quad t \geq 0
\tag{5.7}
$$

将式(5.7)代入式(5.3)，得

$$
\eta(s_i) = \frac{1}{s_i} \int_0^{s_i} \left(1 - \mathrm{e}^{-\frac{s_i}{M}} \cdot \mathrm{e}^{\frac{t}{M}}\right) \mathrm{d}t
\tag{5.8}
$$

使用换元法，设 $u = \dfrac{t}{M}$，$\mathrm{d}(u) = \mathrm{d}\left(\dfrac{t}{M}\right) = \dfrac{1}{M}\mathrm{d}t$，且 $0 \leq u \leq \dfrac{s_i}{M}$，因此式(5.8)可改写为

$$\eta(s_i) = \frac{1}{s_i}\int_0^{\frac{s_i}{M}} M\left(1 - e^{-\frac{s_i}{M}}\cdot e^u\right)du$$
$$= 1 - \frac{M\left(1 - e^{-\frac{s_i}{M}}\right)}{s_i} \tag{5.9}$$

用式(5.9)代替式(5.5)中的 $\eta(s_i)$，可得相对截止期服从指数分布时请求截止期错失率为

$$\eta(s_1, s_2, \cdots, s_N) = 1 - \prod_{i=1}^{N}\left\{1 - p_i\left[1 - \frac{M\left(1 - e^{-\frac{s_i}{M}}\right)}{s_i}\right]\right\} \tag{5.10}$$

定理 5.1　相对截止期服从数学期望为 M 的指数分布，当数据项广播间隔时间集 $s_1, s_2, \cdots, s_N$ 满足下列等式时，请求截止期错失率可取得最小值：

$$\frac{s_i p_i\left(\frac{s_i M^{-\frac{s_i}{M}}}{e} + e^{-\frac{s_i}{M}} - 1\right)}{s_i(1 - p_i) + p_i M\left(1 - e^{-\frac{s_i}{M}}\right)} = K, \quad i = 1, 2, \cdots, N$$

其中，K 为常数。

证明　函数 $\eta(s_1, s_2, \cdots, s_N)$ 的最小值等价于函数 $\delta(s_1, s_2, \cdots, s_N)$ 的最大值。则由式(5.10)推导，得

$$\delta(s_1, s_2, \cdots, s_N) = \prod_{i=1}^{N}\left\{1 - p_i\left[1 - \frac{M\left(1 - e^{-\frac{s_i}{M}}\right)}{s_i}\right]\right\}$$

由于函数的对数取最大值等价于函数取最大值，所以函数 $\delta(s_1, s_2, \cdots, s_N)$ 左右两边取对数，得

$$\ln\delta(s_1, s_2, \cdots, s_N) = \sum_{i=0}^{N}\ln\left\{1 - p_i\left[1 - \frac{M\left(1 - e^{-\frac{s_i}{M}}\right)}{s_i}\right]\right\} \tag{5.11}$$

对式(5.6)进行变换得

$$\sum_{i=1}^{N}\frac{1}{s_i} - \frac{1}{l} = 0 \tag{5.12}$$

使用拉格朗日乘数法求式(5.11)在附加条件(5.12)下的最大值，首先构造相对

截止期的累积分布函数为

$$F(s_1,s_2,\cdots,s_N) = \ln\left\{1-p_i\left[1-\frac{M\left(1-\mathrm{e}^{-\frac{s_i}{M}}\right)}{s_i}\right]\right\}+\gamma\left(\sum_{i=1}^{N}\frac{1}{s_i}-\frac{1}{l}\right)$$

然后求该函数对 s_i 的偏导数，并使之为零，得

$$\frac{s_i p_i\left(\dfrac{s_i M^{-\frac{s_i}{M}}}{\mathrm{e}}+\mathrm{e}^{-\frac{s_i}{M}}-1\right)}{s_i(1-p_i)+p_i M\left(1-\mathrm{e}^{-\frac{s_i}{M}}\right)}=\frac{\gamma}{M} \tag{5.13}$$

显然，所有 s_i 都满足式(5.13)，且二阶偏导 $\dfrac{\partial^2 F}{\partial S_i^2}>0$，这说明当数据项广播间隔时间集 $(s_1,s_2,\cdots,s_N)$ 满足式(5.13)时，$F(s_1,s_2,\cdots,s_N)$ 能取得最大值，因此 $\eta(s_1,s_2,\cdots,s_N)$ 能得到最小值。定理得证。

根据数据项的访问模式，请求截止期最小值的求解可分为以下两种情况。

（1）数据访问模式服从非均匀分布。在该数据访问模式下，无法求得请求截止期最小值的显性表达式。可通过各参数代入实值后，使用二分法同时对式(5.13)与式(5.12)进行求解，获得指数分布下请求截止期错失率的最小值。

（2）数据访问模式服从均匀分布。当数据访问模式服从均匀分布时，所有数据项的访问概率相同。此时，所有数据项的访问概率为

$$p_1=p_2\cdots=p_N=\frac{n}{N},\quad 1\leqslant n\leqslant N \tag{5.14}$$

其中，n 表示一个多数据项请求需要的数据项数目的平均值；N 表示数据库中可以访问的数据项数目。根据式(5.13)与式(5.12)对 s_i 进行求解，当 $s_1=s_2\cdots=s_N=Nl$ 时，请求截止期取最小值。因此，最小请求截止期错失率为

$$\min\eta(s_1,s_2,\cdots,s_N)=1-\left\{1-\frac{n}{N}\left[1-\frac{M\left(1-\mathrm{e}^{-\frac{Nl}{M}}\right)}{Nl}\right]\right\}^N$$

2）相对截止期服从均匀分布时请求的最小截止期错失率分析

相对截止期服从均匀分布且取值范围为 $[a,b]$ 时，其 CDF 为

$$F(t)=\begin{cases}0,&t<a\\\dfrac{t-a}{b-a},&a\leqslant t\leqslant b\\1,&t>b\end{cases} \tag{5.15}$$

在式(5.3)中使用换元法，若变量 $u = s_i - t$ ，则式(5.3)可改写为

$$\eta(s_i) = \frac{1}{s_i} \int_0^{s_i} F(u) \mathrm{d}(s_i - u) = \frac{1}{s_i} \int_{s_i}^0 -F(u) \mathrm{d}u = \frac{1}{s_i} \int_0^{s_i} F(u) \mathrm{d}u \tag{5.16}$$

s_i 控制 u 的积分范围，不同取值范围的 s_i 导致 u 的积分范围不同。s_i 的取值可分为三种情况。

(1)若 $0 < s_i \leqslant a$ ，则 u 的取值范围为 $u < a$ ，式(5.16)可改写为

$$\eta(s_i) = \frac{1}{s_i} \int_0^{s_i} 0 \mathrm{d}u = 0$$

(2)若 $a < s_i \leqslant b$ ，则 u 的积分范围被分割为两个连续区间，即 $[0, a]$ 与 $(a, s_i]$ ，式(5.16)可改写为

$$\eta(s_i) = \frac{1}{s_i} \left(\int_0^a 0 \mathrm{d}u + \int_0^{s_i} \frac{u - a}{b - a} \mathrm{d}u \right) = \frac{(s_i - a)^2}{2 s_i (b - a)}$$

(3)若 $s_i > b$ ，则 u 的积分范围被分割为三个连续区间：$[0, a]$、(a, b)、$(b, s_i]$ ，式(5.16)可改写为

$$\eta(s_i) = \frac{1}{s_i} \left(\int_0^a 0 \mathrm{d}u + \int_a^b \frac{u - a}{b - a} \mathrm{d}u + \int_b^{s_i} 1 \mathrm{d}u \right) = 1 - \frac{a + b}{2 s_i}$$

综合考虑 s_i 的三种情况，可得均匀分布下数据项的服务失败率为

$$\eta(s_i) = \begin{cases} 0, & 0 < s_i \leqslant a \\ \dfrac{(s_i - a)^2}{2 s_i (b - a)}, & a < s_i \leqslant b \\ 1 - \dfrac{a + b}{2 s_i}, & s_i > b \end{cases} \tag{5.17}$$

引理 5.1　$(s_1^*, s_2^*, \cdots, s_N^*)$ 是一组数据项广播间隔时间集合，它能让客户端发送的请求获得最小请求截止期错失率。对于任意两个数据项 i 与 j ，其中 $p_i > p_j$ ，若 $0 < s_j^* \leqslant b$ ，则 $0 < s_i^* \leqslant b$ 。

证明　假设存在两个数据项 i 与 j ，它们的定义与引例中描述的相反，且满足下列两种情况：

(1) $p_i > p_j$ ，$0 < s_j^* \leqslant a$ 且 $s_i^* > b$ ；

(2) $p_i > p_j$ ，$a < s_j^* \leqslant b$ 且 $s_i^* > b$ 。

假设存在另一组数据项广播间隔时间集 $(s_1', s_2', \cdots, s_N')$，其中，$s_i' = s_j^*$，$s_j' = s_i^*$ 且 $\forall k \neq i, j, s_k' = s_k^*$。$\eta$ 表示数据项广播间隔时间集合 $(s_1^*, s_2^*, \cdots, s_N^*)$ 产生的请求截止期错失率，P 表示请求成功服务率。$\eta + P = 1$。η' 与 P' 分别表示数据项广播间隔时间集合产生的请求截止期错失率与请求成功服务率。

情况 1：若 $0 < s_j^* \leq a$ 且 $s_i^* > b$，有

$$P' = P \times \frac{(1 - p_i \times 0)\left[1 - p_j\left(1 - \dfrac{a+b}{2s_i^*}\right)\right]}{\left[1 - p_i\left(1 - \dfrac{a+b}{2s_i^*}\right)\right](1 - p_j \times 0)}$$

S 表示 P 右边的多项式，$P' = P \times S$，有

$$S = \frac{(1 - p_i \times 0)\left[1 - p_j\left(1 - \dfrac{a+b}{2s_i^*}\right)\right]}{\left[1 - p_i\left(1 - \dfrac{a+b}{2s_i^*}\right)\right](1 - p_j \times 0)}$$

Q 和 K 分别表示多项式 S 的分子与分母，有

$$Q - K = (p_i - p_j)\left(1 - \frac{a+b}{2s_i^*}\right)$$

根据条件 $s_i^* > b$，可得 $1 - \dfrac{a+b}{2s_i^*} > 0$，有

$$Q - K > 0 \Rightarrow S > 1 \Rightarrow P' > P$$

情况 2：若 $a < s_j^* \leq b$ 且 $s_i^* > b$，有

$$P' = P \times \frac{\left[1 - p_i\dfrac{(s_j^* - a)^2}{2s_j^*(b-a)}\right]\left[1 - p_j\left(1 - \dfrac{a+b}{2s_i^*}\right)\right]}{\left[1 - p_i\left(1 - \dfrac{a+b}{2s_i^*}\right)\right]\left[1 - p_j\dfrac{(s_j^* - a)^2}{2s_j^*(b-a)}\right]}$$

S 表示 P 右部的多项式，$P' = P \times S$，Q 和 K 分别表示多项式 S 的分子与分母，$S = Q/K$，有

$$Q - K = (p_i - p_j)\left[1 - \frac{a+b}{2s_i^*} - \frac{(s_j^* - a)^2}{2s_j^*(b-a)}\right]$$

使用假设 $p_i > p_j$、$a < s_j^* \leqslant b$ 且 $s_i^* > b$，得

$$0 < \frac{(s_j^* - a)^2}{2s_j^*(b-a)} \leqslant \frac{b-a}{2b}$$

$$0 \leqslant \frac{a+b}{2s_i^*} < \frac{a+b}{2b}$$

因此，$1 - \frac{a+b}{2s_i^*} - \frac{(s_j^* - a)^2}{2s_j^*(b-a)} > 0$，有

$$Q - K > 0 \Rightarrow S > 1 \Rightarrow P' > P$$

　　总结以上两种情况，可得 $\eta' = 1 - P' < \eta$，这与最优数据项广播间隔时间集合 $(s_1^*, s_2^*, \cdots, s_N^*)$ 能让请求获得最小请求截止期错失率 η 的定义不符。引理得证。

　　为了不失一般性，本书按数据项访问概率的递减顺序对数据项进行排序，如 $p_1 \geqslant p_2 \geqslant \cdots \geqslant p_N$。根据引理 5.1，在广播带宽最优化分配中，应遵循给访问概率较低的数据项分配较少广播带宽的规则。

　　假设 $(s_1^*, s_2^*, \cdots, s_N^*)$ 表示数据项最优广播时间间隔集合，该广播时间间隔集合可让客户请求获得最小请求截止期错失率。因此，存在两个变量 a，b，且 $0 < a < b$。

　　情况 1：$\forall i \leqslant N, s_i^* \leqslant a$

　　当 s_i^* 满足下列条件时：

$$a \geqslant Nl = s_1^* = s_2^* = \cdots = s_N^*$$

由式 (5.17) 推导得

$$\eta(s_i) = 0$$

由式 (5.5) 推导得

$$\eta(s_1^*, s_2^*, \cdots, s_N^*) = 0 \tag{5.18}$$

　　情况 2：根据引理 5.1，存在标识为 I 的数据项，使请求截止期错失率达到最小。其中，有以下两种情况：

　　(1) $1 \leqslant i \leqslant I, 0 < s_i^* \leqslant a$；

　　(2) $1 \leqslant i \leqslant N, a < s_i^* \leqslant b$。

　　根据带宽限制条件 (5.6)，I 必须满足条件 (5.19)：

$$\frac{N-I}{b} \leqslant \frac{1}{l} - \frac{I}{a} \tag{5.19}$$

因此，根据式(5.17)，请求截止期错失率即式(5.5)可以改写为

$$\begin{aligned}\eta(s_1,s_2,\cdots,s_N) &= 1 - \prod_{i=1}^{I}\left(1-\frac{n}{N}\times 0\right)\times\prod_{i=I+1}^{N}\left[1-\frac{n}{N}\frac{(s_i-a)^2}{2s_i(b-a)}\right]\\&= 1 - \prod_{i=I+1}^{N}\left[1-\frac{n}{N}\frac{(s_i-a)^2}{2s_i(b-a)}\right]\end{aligned} \tag{5.20}$$

显然，截止期错失率$\eta(s_1,s_2,\cdots,s_N)$取最小值等价于$\delta(s_1,s_2,\cdots,s_N)$取最大值，有

$$\delta(s_1,s_2,\cdots,s_N) = \prod_{i=I+1}^{N}\left[1-\frac{n}{N}\frac{(s_i-a)^2}{2s_i(b-a)}\right]$$

当$a \geqslant s_i^*$，式(5.21)可以获得最小请求截止期错失率为

$$s_1 = s_2 = \cdots = s_I = a \tag{5.21}$$

使用式(5.21)替换式(5.6)中的数据项广播间隔时间集合$(s_1,s_2,\cdots,s_I)$，得

$$\sum_{i=I+1}^{N}\frac{1}{s_i} = \frac{1}{l} - \frac{I}{a} \Rightarrow \sum_{i=I+1}^{N}\frac{1}{s_i} + \frac{I}{a} - \frac{1}{l} = 0 \tag{5.22}$$

本书使用拉格朗日乘数法[①]求取$\ln\delta(s_1,s_2,\cdots,s_N)$在附加条件(5.22)下的最大值，因此构造函数为

$$G(s_1,s_2,\cdots,s_N,\gamma) = \sum_{i=I+1}^{N}\ln\left[1-p_i\frac{(s_i-a)^2}{2s_i(b-a)}\right] + \gamma\left(\sum_{i=I+1}^{N}\frac{1}{s_i} + \frac{I}{a} - \frac{1}{l}\right) \tag{5.23}$$

对式(5.23)内的s_i求偏导并使之为零，可得

$$\frac{(s_i^2-a^2)p_i}{2(b-a)s_i - p_i(s_i-a)^2} + \frac{\gamma}{s_i} = 0, \quad I < i \leqslant N \tag{5.24}$$

当$I < i < N$时，所有s_i都满足式(5.24)，二阶偏导$\frac{\partial^2 F}{\partial s_i^2} > 0$，因此当$I$满足不

① Everett H. Generalized Lagrange multiplier method for solving problems of optimum allocation of resources. Operations Research，1963，11(3)：399-417.

等式 (5.19)、$s_1 = s_2 \cdots = s_I = a$ 且数据项广播间隔时间集合 $(s_{I+1}, s_{I+2}, \cdots, s_N)$ 同时满足条件 $s_i > a$ 与式 (5.24) 时，$G(s_1, s_2, \cdots, s_N, \gamma)$ 取最大值，从而使请求错失率 $\eta(s_1, s_2, \cdots, s_N)$ 取得最小值。

根据数据项访问模式，请求截止期错失率最小值的求解可分为两种情况。

(1) 数据访问模式服从非均匀分布。此时 $p_1 \neq p_2 \neq \cdots \neq p_N$，最小请求截止期错失率没有显性表达式，其最小值必须在各参数代入实值后，使用枚举法获得最优广播间隔时间集合，从而求得最小请求截止期错失率。其中，最优广播间隔时间 s_i^* 需满足下列条件：

(1) 当 $0 < i \leq I$ 时，s_i^* 满足式 (5.21)；

(2) 当 $I < i \leq N$ 时，s_i^* 满足式 (5.24)。

其中，I 满足条件不等式 (5.19)。

(2) 数据访问模式服从均匀分布。当数据访问模式服从均匀分布时，所有数据项的访问概率相同。由式 (5.1) 可知

$$p_1 = p_2 = \cdots = p_N = \frac{n}{N}, \quad 1 \leq n \leq N \tag{5.25}$$

求解式 (5.24) 得

$$s_{I+1} = s_{I+2} = \cdots = s_N \tag{5.26}$$

使用式 (5.26) 替代式 (5.22) 中的 $(s_{I+1}, s_{I+2}, \cdots, s_N)$，得

$$s_{I+1} = s_{I+2} = \cdots = s_N = \frac{N - I}{\dfrac{1}{l} - \dfrac{I}{a}} \tag{5.27}$$

因此，当数据项广播时间间隔集合 $(s_1, s_2, \cdots, s_N)$ 同时满足式 (5.21) 和式 (5.27) 时，$G(s_1, s_2, \cdots, s_N, \gamma)$ 取最大值，从而使请求截止期错失率 $\eta(s_1, s_2, \cdots, s_N)$ 取得最小值。此时，最小截止期错失率为

$$\min \left\{ 1 - \left[1 - \frac{n}{N} \frac{\left(\dfrac{N - I}{\dfrac{1}{l} - \dfrac{I}{a}} - a \right)^2}{2 \left(\dfrac{N - I}{\dfrac{1}{l} - \dfrac{I}{a}} \right)(b - a)} \right]^{N-I} \right\}$$

其中，$0 \leq I < \dfrac{a}{l}$。

令

$$Y(I) = \left[1 - \frac{n}{N} \frac{\left(\dfrac{N-I}{\dfrac{1}{l} - \dfrac{I}{a}} - a \right)^2}{2\left(\dfrac{N-I}{\dfrac{1}{l} - \dfrac{I}{a}} \right)(b-a)} \right]^{N-I}$$

则最小截止期错失率为

$$\eta(s_1, s_2, \cdots, s_N) = \min[1 - Y(I)]$$

函数 $Y(I)$ 为 $\left[0, \dfrac{a}{l} \right)$ 上的单调递减函数,因此,当 $I = 0$ 时,函数 $Y(I)$ 取得最大值,$\eta(s_1, s_2, \cdots, s_N)$ 取得最小值。所以,式(5.27)可以改写为

$$s_1^* = s_2^* = \cdots = s_N^* = Nl \tag{5.28}$$

当 $0 < a < Nl, b \geq Nl$ 时,请求截止期错失率取得最小值为

$$\eta(s_1^*, s_2^*, \cdots, s_N^*) = 1 - \left[1 - \frac{n(Nl - a)^2}{2N^2 l(b-a)} \right]^N \tag{5.29}$$

情况 3:根据引理 5.1,若存在 I 满足以下条件

$$\frac{N-I}{b} > \frac{1}{l} - \frac{I}{a}$$

则存在数据项标识 I 与 J,使请求截止期错失率达到最小。

(1) $1 \leq i \leq I$, $0 < s_i^* \leq a$;

(2) $1 \leq i \leq J$, $a < s_i^* \leq b$;

(3) $J \leq i \leq N$, $s_i^* > b$。

其中,I 与 J 需同时满足式(5.30):

$$0 \leq I < \frac{a}{l}, \quad I < J \leq I + \left[b\left(\frac{1}{l} - \frac{I}{a} \right) \right] \tag{5.30}$$

因此,请求截止期错失率即式(5.5)可被改写为

$$\begin{aligned} \eta(s_1, s_2, \cdots, s_N) = {}& 1 - \prod_{i=1}^{I}(1 - p_i \times 0) \times \prod_{i=I+1}^{J}\left[1 - p_i \frac{(s_i - a)^2}{2s_i(b-a)} \right] \\ & \times \prod_{i=J+1}^{N}\left[1 - p_i\left(1 - \frac{a+b}{2s_i} \right) \right] \end{aligned} \tag{5.31}$$

当 $a \geqslant s_i^*$，其中 $i \leqslant I$，且 $b \geqslant s_i^*$，其中，当 $I < i \leqslant J$ 时，式(5.32)可以生成最小截止期错失率：

$$s_1 = s_2 = \cdots = s_I = a$$
$$s_{I+1} = s_{I+2} = \cdots = s_J = b \tag{5.32}$$

因此，最小请求截止期错失率等价于函数 $\delta(s_{J+1}, s_{J+2}, \cdots, s_N)$ 的最大值，即

$$\delta(s_{J+1}, s_{J+2}, \cdots, s_N) = \prod_{i=J+1}^{N} \left[1 - p_i \left(1 - \frac{a+b}{2s_i} \right) \right]$$

使用式(5.32)替换式(5.6)中的 $s_1, s_2, \cdots, s_J$，得

$$\sum_{i=J+1}^{N} \frac{1}{s_i} = \frac{1}{l} - \frac{I}{a} - \frac{J-I}{b} \Rightarrow \sum_{i=J+1}^{N} \frac{1}{s_i} + \frac{I}{a} + \frac{J-I}{b} - \frac{1}{l} = 0 \tag{5.33}$$

使用拉格朗日乘数法求取 $\ln\delta(s_{J+1}, s_{J+2}, \cdots, s_N)$ 在附加条件(5.33)上的最大值，可得构造函数

$$G(s_{J+1}, s_{J+2}, \cdots, s_N) = \sum_{J+1}^{N} \left[1 - p_i \left(1 - \frac{a+b}{2s_i} \right) \right] + \gamma \left(\sum_{i=J+1}^{N} \frac{1}{s_i} + \frac{I}{a} + \frac{J-I}{b} - \frac{1}{l} \right)$$

对函数 $G(s_{J+1}, s_{J+2}, \cdots, s_N)$ 中的 s_i 求偏导，并使之为零，得

$$s_i = \frac{(a+b)(N-J)}{(a+b)\left(\dfrac{1}{l} - \dfrac{I}{a} - \dfrac{J-I}{b} \right) + 2\sum\limits_{i=J+1}^{N} \dfrac{1}{p_i} - 2\dfrac{N-J}{p_i}} \tag{5.34}$$

其中，I、J 满足式(5.30)。

因此，当 $J < i \leqslant N$ 时，s_i 满足式(5.34)，且 I、J 同时满足式(5.30)时，函数 $G(s_{J+1}, s_{J+2}, \cdots, s_N)$ 取得最大值，从而使请求截止期错失率取最小值。

根据数据项访问模式，请求截止期错失率最小值的求解可分为两种情况。

(1)数据访问模式服从非均匀分布。这种情况下请求最小截止期错失率没有显性表达式。在各变量代入实值后，可使用枚举法根据式(5.34)以及式(5.30)求解最优广播时间间隔 s_i^*，从而求得最小请求截止期错失率。

(2)数据访问模式服从均匀分布。当 $s_{J+1}, s_{J+2}, \cdots, s_N$ 满足式(5.35)时，有

$$s_{J+1} = s_{J+2} = \cdots = s_N = \frac{N-J}{\dfrac{1}{l} - \dfrac{I}{a} - \dfrac{J-I}{b}} \tag{5.35}$$

函数 $\eta(s_1, s_2, \cdots, s_N)$ 取得最小值。使用式(5.32)与式(5.35)替换式(5.31)中的

s_i，可得最小请求截止期错失率为

$$\eta(s_1,s_2,\cdots,s_N) = \min\left\{1-\left[1-\frac{n}{N}\frac{(b-a)^2}{2b(b-a)}\right]^{J-I}\right.$$

$$\left.\times\left\{1-\frac{n}{N}\left[1-\frac{(a+b)\left(\frac{1}{l}-\frac{I}{a}-\frac{J-I}{b}\right)}{2(N-J)}\right]\right\}\right\} \qquad (5.36)$$

当 $I=J=0$ 时，$\eta(s_1,s_2,\cdots,s_N)$ 可以取得最小值。因此，式(5.35)中的 s_i 可被改写为

$$s_1^* = s_2^* = \cdots = s_N^* = Nl$$

所以，当 $0<a<b<Nl$ 时，最小请求截止期错失率为

$$\eta(s_1^*,s_2^*,\cdots,s_N^*) = 1-\left[1-\frac{n}{N}+\frac{n(a+b)}{2N^2l}\right]^N \qquad (5.37)$$

因此，综合以上三种情况，当数据项访问模式服从均匀分布时，广播间隔时间集合 $(s_1^*,s_2^*,\cdots,s_N^*)$ 满足 $s_i^*=Nl$ 时，$\eta(s_1^*,s_2^*,\cdots,s_N^*)$ 取最小值。因此，综合式(5.18)、式(5.29)和式(5.37)，最小请求截止期错失率的完整表达式为

$$\eta(s_1^*,s_2^*,\cdots,s_N^*) = \begin{cases} 1-\left[1-\frac{n}{N}+\frac{n(a+b)}{2N^2l}\right]^N, & 0<a<b<Nl \\ 1-\left[1-\frac{n(Nl-a)^2}{2N^2l(b-a)}\right]^N, & 0<a<Nl, b\geq Nl \\ 0, & a\geq N \end{cases} \qquad (5.38)$$

3. 广播带宽节省率理论分析

根据本书第三章中广播带宽节省率的定义，广播带宽节省率可分为以下两种情况进行讨论。

1) 非实时广播环境广播带宽节省率分析

在非实时广播环境下，请求没有服务截止期，因此客户端发送的请求不存在服务超时的情况，所有请求最终将成功获得服务。当服务器广播数据项 i 时，所有要求访问该数据项的请求都能接收数据项 i。

假设 l 为最小广播单元，即广播一个数据项所需要的时间，因此广播带宽为 $1/l$。T 时间内，服务器广播数据项的总数目为 T/l，客户端接收的数据项总数目

为 $n\lambda T$ ，其中，n 表示请求内包含数据项的平均数目，λ 表示请求到达速度。因此，广播带宽节省率为

$$1 - \frac{\dfrac{T}{l}}{n\lambda T} = 1 - \frac{1}{ln\lambda}$$

从广播带宽节省率的理论表达看，带宽节省率与请求到达速度、请求内包含数据项数目成正比，与广播带宽成反比。当系统负载增加时(单位时间内被请求的数据项数目增大)，广播带宽使用率会提高。当请求到达速度趋近于无穷大时，广播带宽节省率趋近于 1。

2) 实时广播环境广播带宽节省率分析

在实时广播环境下，每个请求都有与之对应的请求截止期。请求只有在截止期到达之前接收所有需要的数据项，才能成功获得服务。当服务器广播数据项 i 时，所有需要访问该数据项且没有错失截止期的请求能成功接收数据项 i。

T 时间内，服务器广播数据项的总数目为 T/l。对于错失截止期的请求，虽然服务器已耗费了一部分广播带宽来服务该请求内包含的数据项，但由于请求最终没有成功获得服务，服务的这些数据项所使用的带宽不能为成功服务一个请求作出贡献。所以，T 时间内所有成功获得服务的请求接收的数据项数目为 $n\lambda[1-\eta(R)]T$，其中，$\eta(R)$ 表示请求截止期错失率，λ 表示请求到达速度。因此，广播带宽节省率为

$$1 - \frac{\dfrac{T}{l}}{n\lambda[1-\eta(R)]T} = 1 - \frac{1}{ln\lambda[1-\eta(R)]}$$

从广播带宽节省率的理论表达看，带宽节省率不仅与请求到达速度、请求内包含数据项数目、广播带宽大小有关，而且与请求截止期错失率关系密切。若其他参数不变，则请求截止期错失率越高，广播带宽节省率越低，这印证了前面的推断，如果大部分请求出现严重饥饿问题，这些请求就不能在截止期内成功获得服务，那么用于服务这些请求包含的数据项所耗费的大量广播带宽完全变成了浪费。所以，此时服务器广播带宽的节省率(利用率)很低，甚至可能为负值。

第三节　基于请求的广播调度算法

一、TIU 算法相关定义

本书提出基于请求的调度算法(TIU)，其主要调度思想是把请求看成一个完

整广播调度单元,并在调度中综合考虑请求紧迫度以及产能(productivity)因素。为了更清晰地阐述多数据项请求调度算法,需要对实时多数据项请求环境作一些必要的假设与定义。

假设数据库 D 包含 $|D|$ 个大小相同数据项, $D = \{d_1, d_2, \cdots, d_{|D|}\}$。客户端发送的实时请求见定义5.1。

定义 5.1 客户端产生的无序实时请求 $Q_i = \{d_{q^i(1)}, d_{q^i(2)}, \cdots, d_{q^i(|Q_i|)}\}$ 是数据库内所有数据项集合的非空子集。$|Q_i|$ 表示数据请求 Q_i 需要访问的数据项数目,注意 $1 \leq q^i(j) \leq |D|$,且对任意 $1 \leq j \leq |Q_i|$,每个请求的截止期被定义为 DL_{Q_i}。

以往基于请求的调度算法均没有考虑对用户重复请求数据项的处理。数据广播的优势在于一次广播可以满足多个用户的需求。如果在调度时不考虑用户重复请求的数据项,原本只需要广播一次就可以满足所有用户需求的数据项,被重复广播了若干次,这些被重复广播的数据项占用了大量的带宽资源,造成广播带宽使用率低下。在实时广播系统中,用户对数据项的访问有时限要求,服务器必须尽可能地保证用户在时限内接收需要的数据项,因此对数据项广播带宽的分配就显得尤为重要,服务器应该减少对用户重复请求的数据项的广播次数,从而使用节省的带宽来服务紧迫度更高的请求。从请求角度考虑对用户重复请求数据项的处理就必须了解请求内数据项被服务的情况以及从数据项角度统计数据项被请求的次数。因此,本节定义请求内未被服务数据项集合,准确获取请求内数据项的服务状态和服务情况;定义被请求访问数据项的访问频率,统计请求内数据项被请求访问的次数。

定义 5.2 $\mathrm{UnservedSet}_{Q_i}(t) = \{d'_{q^i(1)}, d'_{q^i(2)}, \cdots, d'_{q^i(|\mathrm{UnservedSet}_{Q_i}(t)|)}\}$ 定义为 t 时刻数据请求 Q_i 内未被服务的数据项集合。其中, $\mathrm{UnservedSet}_{Q_i}(t) \subseteq Q_i$ 且 $|\mathrm{UnservedSet}_{Q_i}(t)|$ 表示 t 时刻请求 Q_i 内未被服务数据项的数目, $0 \leq |\mathrm{UnservedSet}_{Q_i}(t)| \leq |Q_i|$。

定义 5.3 时刻 t,数据项 d_k 被访问的次数(访问频次)定义为 $N_{d_k}(t)$,且 $d_k \in D$, $1 \leq k \leq |D|$。数据项一旦被选择广播,数据项的访问频率重置为零。

定义 5.4 时刻 t,当前请求服务队列定义为 $\mathrm{ServiceQ}(t) = \{Q_1, Q_2, \cdots, Q_{|\mathrm{ServiceQ}(t)|}\}$。注意,对于任意一个请求 $Q_i \in \mathrm{ServiceQ}(t)$,其对应的 $\mathrm{UnservedSet}_{Q_i}(t) \neq \varnothing$。换言之,请求一旦成功获得服务,就会从服务队列中移除。

在单数据项广播调度中,综合考虑数据项的受欢迎度与数据项的紧迫度可以提高算法性能,SIN 调度算法是单数据项广播调度算法中性能最高的算法。但实时多数据项请求的调度特性决定了忽略请求内数据项相关性,而独立考虑数据项受欢迎度和数据项紧迫度因素的调度方法不适用于多数据项请求环境。本书把请求看成完整调度单元,使用请求内各数据项的访问频率以及数据项的服务情况来反映整个请求的受欢迎度和紧迫度。具体定义如下。

定义 5.5　Temp_{Q_i} 表示等待服务的请求 Q_i 的受欢迎度，定义为 Q_i 内数据项的平均访问频率。t 时刻，任意 $d_{q^i(j)} \in \text{UnservedSet}_{Q_i}(t)$，有

$$\text{Temp}_{Q_i}(t) = \frac{\sum_{j=1}^{|\text{UnservedSet}_{Q_i}(t)|} N_{d_{q^i(j)}}(t)}{|\text{UnservedSet}_{Q_i}(t)|}$$

由于增加了对用户重复请求数据项的处理，请求内已获得服务的数据项不参与该请求受欢迎度的计算过程。该变量反映了 Q_i 访问的数据项的平均受欢迎度，由于请求内未被服务的数据项的受欢迎度以及数目在请求被服务的整个过程中是动态变化的，所以当服务器广播数据项或新的请求到达服务器时，Temp_{Q_i} 的值动态变化。

Xuan 等[①]指出在单数据广播环境下，考虑时限请求的紧迫度是一种有效的调度方法。在多数据项请求环境下，本节定义 SlackTime_{Q_i} 来反映请求 Q_i 的紧迫度。

定义 5.6　SlackTime_{Q_i} 定义为请求 Q_i 等待接受服务的空闲时间。t 时刻，有

$$\text{SlackTime}_{Q_i}(t) = \text{DL}_{Q_i} - t$$

其中，DL_{Q_i} 表示请求 Q_i 的截止期，SlackTime_{Q_i} 的值越小说明请求处于活动状态的时间越少，离截止期到达的时间越近，因此请求的紧迫度越高。

在数据调度中考虑服务产率(service productivity)与紧迫度(urgency)已被证实可以提高算法性能。为了避免请求出现饥饿问题，必须考虑请求调度的公平性。因此，本章采用以下调度规则。

(1)给定两个请求，若它们具有相同的 Temp 值，SlackTime 值较小的请求优先获得服务。这样可以增大紧迫请求成功服务的概率，减少错失截止期的请求的数目，从而降低请求截止期错失率。

(2)给定两个请求，若它们具有相同的 SlackTime 值，Temp 值较大的请求优先获得服务。这样可以增大请求成功获得服务的概率。因为广播受欢迎度高的请求可以同时满足更多需要访问该数据项的用户。

根据以上调度规则，定义 P_{Q_i} 为用户队列中的数据请求 Q_i 的服务优先级。

定义 5.7　P_{Q_i} 定义为请求 Q_i 的服务优先级。在时刻 t，有

---

① Xuan P，Sen S，Gonzalez O，et al. Broadcast on demand：Efficient and timely dissemination of data in mobile environments. Proceedings of the 3rd IEEE Real-Time Technology and Applications Symposium，1997：38.

$$P_{Q_i}(t) = \frac{\mathrm{Temp}_{Q_i}(t)}{\mathrm{SlackTime}_{Q_i}(t)}$$

它把请求看成调度的完整单位，动态地反映数据请求的受欢迎度与紧迫度，可有效避免请求产生饥饿问题。

TIU 算法的调度思想与 SIN 调度算法相似，即从热度与紧迫度来考虑设计优先权，不同的是 SIN 调度算法考虑的是单个数据项的优先权而不是整个请求的优先权。TIU 调度算法以整个请求为调度单位，考虑请求的紧迫度、请求的受欢迎度以及请求内数据项的服务情况。

二、TIU 算法描述及实例

1. TIU 算法描述

TIU 算法描述如下。

TIU 算法描述

输入：用户请求集合以及请求内的数据项集合

输出：接受服务的请求

第一步：更新用户新发送的请求内包含的数据项的访问频率。当用户发送的请求到达服务器端时，更新该请求内包含的所有数据项的访问频率，并将该请求插入用户请求服务队列中。

第二步：请求可调度性检查。本章的可调度性检查针对用户请求服务队列中的所有请求。可调度性检查步骤：①计算服务队列中所有请求的空闲时间；②统计服务队列中每个请求内未被服务数据项的数目；③计算请求的空闲时间与最小时间单位(广播一个数据项所需要的时间)的比值，并比较比值与请求内未被服务数据项的数目的大小，如果比值小于未被服务数据项的数目，该请求为不可调度请求。

不可调度请求不参与优先级计算过程，当对所有请求执行完可调度性检查后，服务器会删除用户服务队列中所有的不可调度请求。

第三步：选择广播的数据项。该阶段可以分为两步：①计算用户服务队列中所有请求的服务优先级(定义 5.7)，选择服务优先级最高的请求进行服务。若两个请求都具有相同的最高优先级，则选择受欢迎度高的请求进行服务。②TIU 算法属于非抢占式算法，服务器一旦选定接受服务的请求，会连续不间断地广播该请求内还没有被服务的所有数据项直到该请求的所有数据项都获得服务。因此，服务器只在每次成功服务完请求后才重新进入第二步，对请求进行可调度检测以及重新计算请求队列中所有请求的服务优先级，选择下轮接受服务的请求。

当请求成功获得服务后，服务器会把它从用户请求队列中删除。服务器只在每次成功服务完请求后才重新计算请求队列中所有数据项的服务优先级，选择下轮接受服务的请求。

第四步：每次广播数据项后，更新数据项的相关信息，包括：①重置该数据项的访问频率；②从所有包含该数据项的未被服务数据项集合中移除该数据项；③当请求未被服务数据项集合为空时，即认为该请求已成功获得服务，服务器会从用户请求队列中把该请求删除，服务器对一个请求完成服务后会自动跳转至调度算法的第二步。

2. TIU 算法实例

为了更直观地描述和理解 TIU 算法选择数据项广播的过程，给出 TIU 算法选择数据项广播的实例。

假设 t 时刻用户请求服务队列如图 5.2 所示。每一个请求都附带对多个数据项的访问需求。图 5.2 及以下出现的图中，标识斜纹阴影的数据项为已获得服务的数据项。每个请求都有一个与之对应的截止期。假设 $Q_1 \sim Q_5$ 在 t 时刻的空闲时间（SlackTime）分别为

$$\text{SlackTime}_{Q_1} = 3.5 \text{ 时间单位}, \quad \text{SlackTime}_{Q_2} = 4 \text{ 时间单位},$$

$$\text{SlackTime}_{Q_3} = 8 \text{ 时间单位}, \quad \text{SlackTime}_{Q_4} = 3 \text{ 时间单位},$$

$$\text{SlackTime}_{Q_5} = 15 \text{ 时间单位}$$

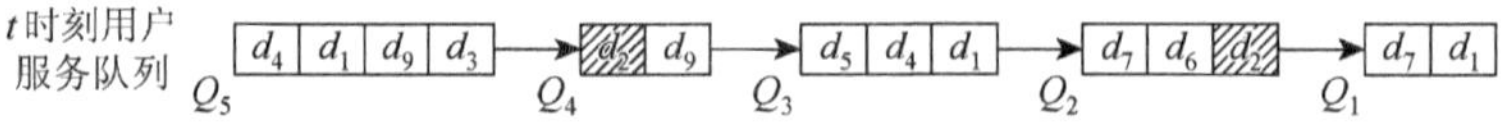

图 5.2　TIU 算法 t 时刻用户请求服务队列

首先对队列中的所有请求进行可调度性检查，所有请求被鉴定为可调度请求。根据定义 5.5 计算队列中所有请求的受欢迎度为

$$\text{Temp}_{Q_1} = \frac{3+2}{2} = \frac{5}{2}, \quad \text{Temp}_{Q_2} = \frac{2+1}{2} = \frac{3}{2},$$

$$\text{Temp}_{Q_3} = \frac{1+2+3}{3} = 2, \quad \text{Temp}_{Q_4} = \frac{2}{1} = 2,$$

$$\text{Temp}_{Q_5} = \frac{2+3+2+1}{4} = 2$$

然后计算队列中可调度请求的服务优先级为

$$P_{Q_1} = \frac{5/2}{3.5} = 0.714, \quad P_{Q_2} = \frac{3/2}{4} = 0.375,$$

$$P_{Q_3} = \frac{2}{8} = 0.25, \quad P_{Q_4} = \frac{2}{3} = 0.667,$$

$$P_{Q_5} = \frac{2}{15} = 0.133$$

可以发现，请求 Q_1 的服务优先级 P_{Q_1} 最大，因此服务器选择 Q_1 进行服务。服务器每次只能广播一个数据项，广播一个数据项所耗费的时间为一个时间单位，因此服务器从 t 时刻开始，在两个连续的时间单位里服务 Q_1。第 t 次广播，服务器广播的数据项为 d_7，第 $t+1$ 次广播，服务器广播的数据项为 d_1。服务器对 Q_1

进行服务的广播过程如图 5.3 所示。用户请求队列内请求的被服务程度如图 5.4 所示。可以发现，在 $t+2$ 时刻，Q_1 中所有数据项已全部在截止期内获得服务，此时 Q_1 被认为已成功获得服务，并被服务器从请求队列中删除。

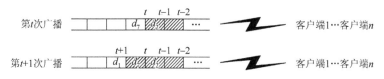

图 5.3　TIU 算法 t 时刻与 $t+1$ 时刻广播序列

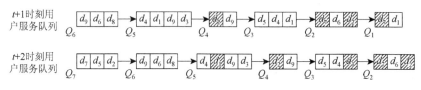

图 5.4　TIU 算法 $t+1$ 时刻与 $t+2$ 时刻用户请求服务队列

3. TIU 算法伪代码

TIU 算法伪代码如下。

TIU 算法伪代码

第一部分：新请求到达时的相关处理。

---
1. //将新到达的请求 Q_i 插入服务队列 ServiceQ

2. ServiceQ ← ServiceQ + Q_i

3. //更新请求 Q_i 中数据项的访问频率

4. **for** $j \leftarrow 1, Q_i$ **do**

5. $\quad N_{d_{q^i(j)}} \leftarrow N_{d_{q^i(j)}} + 1$

6. **end for**

第二部分：选取需要被服务的请求。

---
1. //从请求服务队列中删除所有不可调度的请求

2. **for** each $Q_i \in$ ServiceQ **do**

3. $\quad$ **if** (clock + | UnservedSet$_{Q_i}$ | × ServiceTime) > DL$_{Q_i}$ **then**

4. $\quad\quad$ ServiceQ ← ServiceQ − Q_i

5. $\quad$ **end if**

6. **end for**

7. **if** SelectedRequest = NULL **then**

8. //计算请求队列中每个请求的优先级

9.　　　maxPriority ← 0

10.　　　sumN_i ← 0

11.　　　**for** each，UnservedSet$_{Q_i}$，where $Q_i \in$ Service$Q$ **do**

12.　　　　**for** $j \leftarrow 1$，$|$ UnservedSet$_{Q_i}|$ **do**

13.　　　　　sumN_i ← sum$N_i + N_{d_{q^i(j)}}$

14.　　　　**end for**

15.　　　Temp$_{Q_i}$ ← $\dfrac{\text{sum}N_i}{\left| \text{UnservedSet}_{Q_i} \right|}$

16.　　　$P_{Q_i} \leftarrow \dfrac{\text{Temp}_{Q_i}}{\text{SlackTime}_{Q_i}}$

17.　　　**if** P_{Q_i}>maxPriority **then**

18.　　　maxPriority ← P_{Q_i}

19.　　　SelectedRequest ← Q_i

20.　　　**end if**

21.　　**end for**

22. **end if**

23. //服务器按照被选定请求 Q_i 内数据项出现的顺序对数据项进行广播

24.　广播 d_k，$d_k \in$ UnservedSet$_{Q_i}$

第三部分：广播数据项 d_k 后相关信息的更新操作。

---

1. //重置数据项的访问频率，将 d_k 从所有包含它的 UnservedSet$_{Q_i}$ 中移除

2.　　N_{d_k} ← 0

3.　**for** each UnservedSet$_{Q_i}$，where $d_k \in$ UnservedSet$_{Q_i}$ **do**

4.　　　UnservedSet$_{Q_i}$ ← UnservedSet$_{Q_i} - d_k$

5. //当请求 Q_i 被成功服务后，将 Q_i 从服务队列中移除。若被选取的请求成功获得服务，跳转至第二部分选取下一个需要被服务的请求

6.　　　**if** UnservedSet$_{Q_i}$ = ∅ **AND** Selected Request = Q_i **then**

7.　　　　Selected Request ← NULL

8.　　　　Service$Q$ ← Service$Q - Q_i$

9.　　　**end if**

10.　**end for**

第四节　基于数据项的调度算法

一、DPA 算法相关定义

基于数据项的调度算法以单个数据项作为广播调度的单位。在多数据项请求环境下，现存基于数据项的调度机制决定了在同一个请求内的所有数据项不会具有相同的服务优先级，因此服务器不可能连续不间断地服务请求内的所有数据项。第四章已证实单纯使用数据项调度机制无法有效处理实时多数据项请求，它们都会导致请求出现严重的饥饿问题。若要解决饥饿问题，则必须考虑请求与请求内数据项之间的联系，考虑请求内数据项的服务情况，让数据项调度反映多数据项请求的调度特性。因此，本章提出基于数据项的调度(dynamic priority assignment，DPA)算法，DPA 算法在数据项调度中考虑多数据项请求的多个调度特性，根据请求内数据项的服务情况、数据项的紧迫度以及受欢迎度动态地分配数据项服务优先级。

为了更清晰地阐述 DPA 算法，需要对实时多数据项广播环境以及算法中的符号、变量作一些必要的假设与定义。

假设数据库 D 包含$|D|$个大小相同数据项，$D = \{d_1, d_2, \cdots, d_{|D|}\}$。客户端发送的实时请求的相关定义见定义 5.1。虽然 DPA 算法是基于数据项的调度算法，但它区别于以往单纯的基于数据项的调度算法，既考虑了数据项的调度特性又从整体上考虑了请求的多个属性。在 DPA 算法中，如何让调度的数据项反映请求的调度特性是算法设计的关键。为了迎合实时多数据项请求的调度特点，提高调度效率，必须在调度中考虑请求的紧迫度以及请求内数据项的服务情况。反映请求 Q_i 内数据项服务状态的变量 UnservedSet$_{Q_i}$ 见定义 5.2，反映请求 Q_i 紧迫度的变量 SlackTime$_{Q_i}$ 见定义 5.6。

在实时数据调度中，考虑时限要求可以减少数据请求截止期错失率。当用户发出一个实时多数据项请求时，根据实时请求的服务特性，请求内的所有数据项都会继承父请求的服务截止期。根据这个特性，可以推断紧迫度高的请求内包含的数据项一定具有较高的紧迫度。在单数据项请求环境下，请求的空闲时间是判断请求紧迫度的唯一标准。在多数据项请求环境下，请求的空闲时间不足以反映请求的紧迫度，为了解决饥饿问题，必须考虑请求内数据项的服务情况。直观来讲，包含未被服务数据项较少的请求应该优先获得服务，因为这些请求即将获得完全服务。因此，请求内未被服务数据项的数目是反映请求紧迫度的另一重要因素。在多数据项请求环境下决定请求紧迫度的因素有两个，即请求的空闲时间(SlackTime)和请求内未

被服务的数据项数目（|UnservedSet|）。DPA 算法使用 $s_{d_k}^i$ 反映数据项 d_k 在请求 Q_i 内的紧迫度，使用 S_{d_k} 反映数据项 d_k 在整个用户服务队列中的紧迫度。

定义 5.8　$s_{d_k}^i$ 表示数据项 d_k 在请求 Q_i 内的紧迫度。在时刻 t，有

$$s_{d_k}^i(t) = \frac{1}{\text{SlackTime}_{Q_i}(t)\left|\text{UnservedSet}_{Q_i}(t)\right|}$$

其中，$d_k \in \text{UnservedSet}_{Q_i}(t)$，且 $Q_i \in \text{Service}Q(t)$。根据定义 5.8，请求 Q_i 内未被服务的数据项在 Q_i 内的紧迫度相同。

定义 5.9　S_{d_k} 表示数据项 d_k 在当前整个用户服务队列中的紧迫度，即在所有被请求数据项中的紧迫度。在时刻 t，有

$$S_{d_k}(t) = \sum_{i=1}^{|\text{Service}Q(t)|} s_{d_k}^i(t)$$

其中，$d_k \in \text{UnservedSet}_{Q_i}(t)$，且 $Q_i \in \text{Service}Q(t)$。定义 5.9 成功把多数据项请求的属性结合到数据项调度中。

定义 5.10　W_{d_k} 表示用户请求服务队列里所有包含数据项 d_k 的请求中，最早到达服务器且还没有得到完全服务的请求所耗费的时间。在时刻 t，有

$$W_{d_k}(t) = \max\{w_{d_k}^i(t)\}$$

其中，$w_{d_k}^i$ 表示请求 Q_i 等待它包含的数据项 d_k 接受服务所耗费的时间。在时刻 t，有

$$w_{d_k}^i(t) = t - \text{ArrivalTime}_{Q_i}$$

其中，ArrivalTime_{Q_i} 表示请求 Q_i 到达服务器的时间，且 $Q_i \in \text{Service}Q(t)$。

为了避免请求出现饥饿问题，并提供较好的调度性能，必须考虑数据调度的公平性，即平衡请求内热点数据项与冷门数据项的调度。当请求内大部分热点数据项已获得服务后，应给予请求内的未被服务的冷门数据项较高的优先级，保证冷门数据项在请求截止期到达之前获得服务。因此，采用以下调度规则。

(1) 访问频率 N_{d_k} 较大的数据项应该优先被服务，因为广播一个受欢迎的数据项可以同时满足更多请求的需要。该规则间接增大了请求获得成功服务的概率。

(2) 等待时间 W_{d_k} 较长的数据项应该给予更高的服务优先级以增加等待时间较长的请求获得成功服务的概率。一个在服务队列中等待时间较长的请求不一定接近自己的服务截止期，但是，它通常包含少数或者一个冷门数据项，而这些冷门数据项可以获得服务的概率几乎为零。因此，该调度规则可以起到减轻请求产生饥饿问题的作用。

(3)服务紧迫度 S_{d_k} 较高的数据项被看成紧迫度较高的数据项，应该优先获得服务。要求访问该数据项的请求肯定已靠近自己的服务截止期而且即将完全获得服务。因此，该调度规则通过增大即将获得完全服务的请求最终成功获得服务的概率，从而帮助请求避免产生饥饿问题。

根据以上三条调度规则，定义 P_{d_k} 为各数据项 d_k 的服务优先级。

定义 5.11　P_{d_k} 被定义为实时多数据项请求包含的数据项 d_k 的服务优先级。在时刻 t，有

$$P_{d_k}(t) = N_{d_k}^{\alpha}(t) \times S_{d_k}(t) \times W_{d_k}(t)$$

其中，α 是一个相对调谐参数，它用于增大或者减少数据项访问频率的幂级。换言之，它用于改变数据项服务产率因素的权重。$P_{d_k}(t)$ 不仅动态地反映数据项的紧迫度和服务产率，而且能有效避免请求产生饥饿问题。

二、DPA 算法描述及实例

1. DPA 算法描述

DPA 算法描述如下。

DPA 算法描述
输入：用户请求集合以及请求内的数据项集合
输出：接受服务的数据项
第一步：更新用户新发送的请求内包含的数据项的访问频率。当用户发送的请求到达服务器端时，更新该请求内包含的所有数据项的访问频率，并将该请求插入用户请求服务队列中。 第二步：请求可调度性检查。实时调度需要对用户请求服务队列中的所有请求进行可调度性检查。具体步骤请见 TIU 算法描述。 第三步：选择广播的数据项。DPA 算法是基于数据项的调度算法，即根据被请求的数据项的优先级调度数据。计算被请求数据项的服务优先级（定义 5.11），选择广播服务优先级最高的数据项。 第四步：每次广播数据项后，更新数据项的相关信息，具体步骤见 TIU 算法描述。服务器完成广播一个数据项会重新进入调度算法的第二阶段，开始选择下一轮广播的数据项。

2. DPA 算法实例

为了更直观地描述算法选择数据项广播的过程，DPA 算法选择数据项广播的实例如下所示。假设 t 时刻用户请求服务队列如图 5.5 所示。服务队列中各请求的等待时间（当前时间减去请求到达服务器的时间）分别为

$$\text{WaitTime}_{Q_1} = 4 \text{ 时间单位}, \quad \text{WaitTime}_{Q_2} = 3.5 \text{ 时间单位},$$

$$\text{WaitTime}_{Q_3} = 3 \text{ 时间单位}, \quad \text{WaitTime}_{Q_4} = 2.5 \text{ 时间单位},$$

$$\text{WaitTime}_{Q_5} = 1 \text{ 时间单位}$$

每个请求都有一个与之对应的截止期。假设 $Q_1 \sim Q_5$ 在 t 时刻的空闲时间分别为

$$\text{SlackTime}_{Q_1} = 3.5 \text{ 时间单位}, \quad \text{SlackTime}_{Q_2} = 4 \text{ 时间单位},$$
$$\text{SlackTime}_{Q_3} = 8 \text{ 时间单位}, \quad \text{SlakTime}_{Q_4} = 3 \text{ 时间单位},$$
$$\text{SlackTime}_{Q_5} = 15 \text{ 时间单位}$$

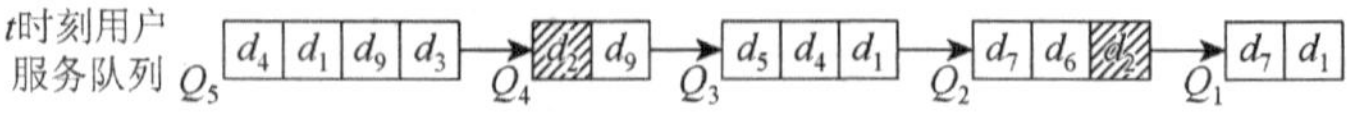

图 5.5　DPA 算法 t 时刻用户请求服务队列

首先对队列中的所有请求进行可调度性检查，所有请求被鉴定为可调度请求。根据 $s_{d_k}^i$ 的定义，计算所有被请求的数据项在各自请求内的紧迫度，其结果如表 5.2 所示。

表 5.2　t 时刻被请求的数据项在各自请求内的紧迫度

数据项	Q_1	Q_2	Q_3	Q_4	Q_5
d_1	$1/(3.5\times2)$	0	$1/(3\times8)$	0	$1/(15\times4)$
d_3	0	0	0	0	$1/(15\times4)$
d_4	0	0	$1/(3\times8)$	0	$1/(15\times4)$
d_5	0	0	$1/(3\times8)$	0	0
d_6	0	$1/(4\times2)$	0	0	0
d_7	$1/(3.5\times2)$	$1/(4\times2)$	0	0	0
d_9	0	0	0	$1/(3\times1)$	$1/(15\times4)$

根据 S_{d_k} 的定义，计算被请求的各数据项的紧迫度，即对表 5.2 各行数值求和。

$$S_{d_1} = \frac{1}{7} + \frac{1}{24} + \frac{1}{60}, \quad S_{d_3} = \frac{1}{60}, \quad S_{d_4} = \frac{1}{24} + \frac{1}{60}, \quad S_{d_5} = \frac{1}{24},$$
$$S_{d_6} = \frac{1}{8}, \quad S_{d_7} = \frac{1}{7} + \frac{1}{8}, \quad S_{d_9} = \frac{1}{3} + \frac{1}{60}$$

根据定义计算被请求的所有数据项的等待时间 W_{d_k} 为

$$W_{d_1} = 4 \text{ 时间单位}, \quad W_{d_3} = 1 \text{ 时间单位}, \quad W_{d_4} = 3 \text{ 时间单位},$$
$$W_{d_5} = 3 \text{ 时间单位}, \quad W_{d_6} = 3.5 \text{ 时间单位}, \quad W_{d_7} = 4 \text{ 时间单位},$$

$$W_{d_9} = 2.5 \text{ 时间单位}$$

统计被请求的所有数据项的访问频率 N_{d_k} 为

$$N_{d_1} = 3, \quad N_{d_3} = 1, \quad N_{d_4} = 2, \quad N_{d_5} = 1,$$
$$N_{d_6} = 1, \quad N_{d_7} = 2, \quad N_{d_9} = 2$$

根据数据项优先级的定义(定义 5.11),计算被请求所有数据项的服务优先级为

$$P_{d_1} = 2.414, \quad P_{d_3} = 0.017, \quad P_{d_4} = 0.35, \quad P_{d_5} = 0.125,$$
$$P_{d_6} = 0.4375, \quad P_{d_7} = 2.143, \quad P_{d_9} = 1.917$$

数据项 d_1 的优先级 P_{d_1} 最大,因此服务器在 t 时刻选择 d_1 进行广播。广播一个数据项所耗费的时间为一个时间单位,$t+1$ 时刻,服务器已完成对 d_1 的广播。在广播 d_1 的过程中有新请求 Q_6 到达服务器,因此 $t+1$ 时刻用户服务队列服务情况见图 5.6。

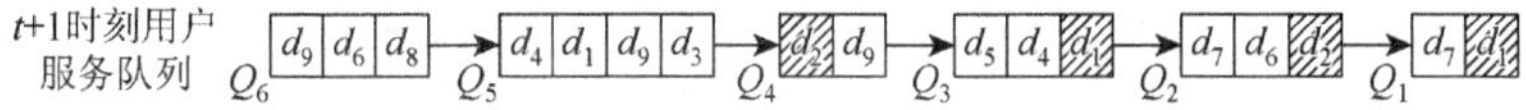

图 5.6 DPA 算法 $t+1$ 时刻与用户请求服务队列服务情况

$t+1$ 时刻,各请求的空闲时间分别为

$$\text{SlackTime}_{Q_1} = 2.5 \text{ 时间单位}, \quad \text{SlackTime}_{Q_2} = 3 \text{ 时间单位},$$
$$\text{SlackTime}_{Q_3} = 7 \text{ 时间单位}, \quad \text{SlackTime}_{Q_4} = 2 \text{ 时间单位},$$
$$\text{SlackTime}_{Q_5} = 15 \text{ 时间单位}, \quad \text{SlackTime}_{Q_6} = 10 \text{ 时间单位}$$

对队列中的所有请求进行可调度性检查,所有请求被鉴定为可调度请求。计算所有被请求的数据项在各自请求内的紧迫度,如表 5.3 所示。

表 5.3 $t+1$ 时刻被请求的数据项在各自请求内的紧迫度

数据项	Q_1	Q_2	Q_3	Q_4	Q_5	Q_6
d_3	0	0	0	0	$1/(14\times3)$	0
d_4	0	0	$1/(2\times7)$	0	$1/(14\times3)$	0
d_5	0	0	$1/(2\times7)$	0	0	0
d_6	0	$1/(3\times2)$	0	0	0	$1/(3\times10)$
d_7	$1/(2.5\times1)$	$1/(3\times2)$	0	0	0	0
d_8	0	0	0	0	0	$1/(3\times10)$
d_9	0	0	0	$1/(2\times1)$	$1/(14\times3)$	$1/(3\times10)$

统计请求的所有数据项的紧迫度 S_{d_k} 为

$$S_{d_3} = \frac{1}{42}, \quad S_{d_4} = \frac{2}{21}, \quad S_{d_5} = \frac{1}{14}, \quad S_{d_6} = \frac{1}{5},$$

$$S_{d_7} = \frac{17}{30}, \quad S_{d_8} = \frac{1}{30}, \quad S_{d_9} = \frac{39}{70}$$

根据定义计算被请求的所有数据项的等待时间为

$$W_{d_3} = 2 \text{ 时间单位}, \quad W_{d_4} = 4 \text{ 时间单位}, \quad W_{d_5} = 4 \text{ 时间单位},$$

$$W_{d_6} = 4.5 \text{ 时间单位}, \quad W_{d_7} = 5 \text{ 时间单位}, \quad W_{d_8} = 0.5 \text{ 时间单位},$$

$$W_{d_9} = 3.5 \text{ 时间单位}$$

统计被请求的所有数据项的访问频率为

$$N_{d_3} = 1, \quad N_{d_4} = 2, \quad N_{d_5} = 1, \quad N_{d_6} = 2,$$

$$N_{d_7} = 2, \quad N_{d_8} = 1, \quad N_{d_9} = 3$$

根据定义计算被请求所有数据项的服务优先级为

$$P_{d_3} = 0.017, \quad P_{d_4} = 0.762, \quad P_{d_5} = 0.256, \quad P_{d_6} = 1.8,$$

$$P_{d_7} = 5.67, \quad P_{d_8} = 0.017, \quad P_{d_9} = 5.85$$

数据项 d_9 的优先级 P_{d_9} 最大，因此服务器在 $t+1$ 时刻选择 d_9 进行广播。t 时刻与 $t+1$ 时刻服务器数据广播情况如图 5.7 所示，与之对应，$t+2$ 时刻用户请求内数据项的服务情况见图 5.8。

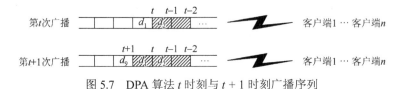

图 5.7　DPA 算法 t 时刻与 $t+1$ 时刻广播序列

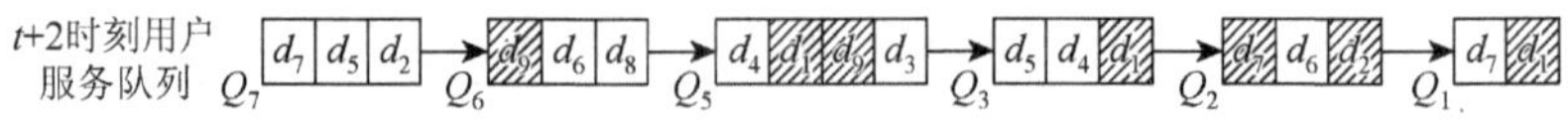

图 5.8　DPA 算法 $t+2$ 时刻用户请求服务队列服务情况

3. DPA 算法伪代码

DPA 算法伪代码如下。

DPA 算法伪代码

第一部分：新请求到达服务器端时的相关处理，参照 TIU 算法第一部分的操作。

第二部分：选取需要广播的数据项。
1.　　//从请求服务队列中移除所有不可调度的请求
2.　　**for each** $Q_i \in \text{Service}Q$ **do**
3.　　　　**if** $(\text{clock} + | \text{UnservedSet}_{Q_i} | \times \text{ServiceTime}) > \text{DL}_{Q_i}$ **then**

4. $\text{ServiceQ} \leftarrow \text{ServiceQ} - Q_i$

5.   **end if**

6.   **end for**

7.   //计算每一个被请求数据项的优先权值

8. $\text{maxPriority} \leftarrow 0$

9.   **for** all $d_k \in D$ **do**

10. $s_{d_k} \leftarrow 0$

11. $w_{d_k} \leftarrow 0$

12.   **end for**

13.   **for** each，UnservedSet_{Q_i}，where $Q_i \in \text{ServiceQ}$ **do**

14.   **for** $\leftarrow 1$，$|\text{UnservedSet}_{Q_i}|$ **do**

15. $s^i_{d_{q^i(j)}} \leftarrow \dfrac{1}{\text{SlackTime}_{Q_i} \times |\text{UnservedSet}_{Q_i}|}$

16. $w^i_{d_{q^i(j)}} \leftarrow \text{CurrentTime} - \text{ArrivalTime}_{Q_i}$

17. $S_{d_{q^i(j)}} \leftarrow S_{d_{q^i(j)}} + s^i_{d_{q^i(j)}}$

18.   **if** $W_{d_{q^i(j)}} < w^i_{d_{q^i(j)}}$ **then**

19. $W_{d_{q^i(j)}} \leftarrow w^i_{d_{q^i(j)}}$

20.   **end if**

21. $P_{d_{q^i(j)}} \leftarrow N_{d_{q^i(j)}} \times S_{d_{q^i(j)}} \times W_{d_{q^i(j)}}$

22.   **if** $\text{maxPriority} < P_{d_{q^i(j)}}$ **then**

23. $\text{maxPriority} \leftarrow P_{d_{q^i(j)}}$

24. $\text{selecteddata} \leftarrow d_{q^i(j)}$

25.   **end if**

26.   **end for**

27.   **end for**

28. 广播被选取的数据项 selecteddata

第五节　基于请求的抢占式广播调度算法

一、PTIU 算法相关定义

基于请求的 TIU 调度算法以请求为完整调度单位，调度机制简单，执行调度时计算复杂度小，但是它属于非抢占式调度算法，不适用于处理紧迫请求；

基于数据项的 DPA 调度算法以数据项为完整调度单位，虽然其调度机制考虑了多数据项请求的调度属性，但是调度机制较为复杂，执行调度时计算复杂度较大。

抢占式调度方式与非抢占式调度方式是基于优先权调度算法的两种调度方式。它们最大的区别是，在非抢占式调度方式中，系统一旦把处理机分配给就绪队列中优先权最高的进程后，该进程便一直执行，直至完成。而在抢占式调度方式中，系统同样是把处理机分配给就绪队列中优先权最高的进程，使之执行，当出现了另一个优先权更高的进程时，进程调度就停止原最高优先权进程的执行，而将处理机分配给新出现的优先权最高的进程。基于抢占式优先权的调度算法既具有较大的灵活性，又能获得极小的调度延迟，能更好地满足紧迫作业的要求，所以常用于要求比较严格的实时系统以及对性能要求较高的批处理和分时系统中。抢占式调度方式已被引入数据广播环境并获得较好的性能，以往关于数据广播调度的研究①证实抢占式调度的性能在各个方面都超越非抢占式调度，因此在实时多数据项请求环境下，本节引入抢占式调度机制来提高算法的性能。

本节提出基于请求优先权的调度算法 PTIU(preemptive temperature inverse urgency)，PTIU 算法允许抢占，即服务器会中断对一个请求的服务而去服务另一个优先权更高的请求。PTIU 算法不仅整体考虑请求的热度、紧迫度以及请求产生饥饿的程度来选取被服务的请求，而且从提高服务产率的角度选取应该获得服务的数据项。

为了更清晰地阐述 PTIU 调度算法，需要对实时多数据项广播环境以及算法中的符号、变量作一些必要的假设与定义。

假设数据库 D 包含 $|D|$ 个大小相同的数据项，$D = \{d_1, d_2, \cdots, d_{|D|}\}$。客户端发送的实时请求的相关定义见定义 5.1。PTIU 是 TIU 的改进算法，综合考虑了多数据项请求和数据项的调度特性来提高调度效率。变量 UnservedSet_{Q_i} 动态反映请求 Q_i 内数据项服务状态，见定义 5.2；变量 Temp_{Q_i} 动态反映请求 Q_i 的受欢迎度，见定义 5.5；变量 SlackTime_{Q_i} 表示请求 Q_i 的空闲时间，见定义 5.6。为了进一步降低请求出现饥饿问题的概率，必须平衡热点请求与冷门请求的调度，因此 PTIU 算法在 TIU 算法的基础上额外引入了几个变量。

定义 5.12　W_{Q_i} 定义为请求 Q_i 等待服务所耗费的时间。在时刻 t，有

$$W_{Q_i}(t) = t - \text{ArrivalTime}_{Q_i}$$

———————————

① Acharya S, Muthukrishnan S. Scheduling on-demand broadcasts: New metrics and algorithms. Proceedings of the 4th Annual ACM/IEEE International Conference on Mobile Computing and Networking，1998：43-54.

其中，ArrivalTime_{Q_i} 表示请求到达服务器的时间，且 $Q_i \in \text{Service}Q(t)$。

定义 5.13　RDL_{Q_i} 表示请求 Q_i 的相对截止期，有

$$\text{RDL}_{Q_i} = \text{DL}_{Q_i} - \text{ArrivalTime}_{Q_i}$$

其中，ArrivalTime_{Q_i} 表示请求到达服务器的时间，且 $Q_i \in \text{Service}Q(t)$。

给定两个请求，若它们剩余未被服务的数据项数目相同，等待时间较长或者相对截止期较短的请求应该优先获得服务，这样可以增加冷门请求获得服务的概率，从而避免这些请求产生饥饿问题。给定两个请求，若它们的等待时间与相对截止期的比值相似，剩余未被服务数据项数目少的请求应该优先获得服务，这样可以增加即将获得完全服务的请求最终成功获得服务的概率，从而避免这些接近成功服务的请求产生饥饿问题。通过以上分析，本节定义变量 Starv_{Q_i} 动态反映请求 Q_i 的饥饿危机度。

定义 5.14　Starv_{Q_i} 表示请求 Q_i 的饥饿危机度。在时刻 t，有

$$\text{Starv}_{Q_i}(t) = \frac{W_{Q_i}(t)}{\text{RDL}_{Q_i}\left|\text{UnservedSet}_{Q_i}(t)\right|}$$

其中，$Q_i \in \text{Service}Q(t)$。

为了避免请求出现饥饿问题，并提供较好的调度性能，必须考虑请求饥饿危机度，饥饿危机度越高的请求应该优先被服务。因此，本节采用以下调度规则来选择被服务的请求。

(1)给定两个请求，若它们具有相同的请求受欢迎度 Temp 与服务紧迫度 SlackTime，饥饿危机度 Starv 较大的请求应该优先获得服务。该调度规则直接避免请求产生饥饿问题，增大请求获得成功服务的概率。

(2)给定两个请求，若它们具有相同的服务紧迫度 SlackTime 与饥饿危机度 Starv，请求受欢迎度 Temp 较高的数据项应该优先获得服务。该调度规则可以使更多的请求获得服务，从而增大请求被成功服务的概率。

(3)给定两个请求，若它们具有相同的请求受欢迎度 Temp 与饥饿危机度 Starv，服务紧迫度 SlackTime 较高的数据项应该优先获得服务。该调度规则可以增大那些即将获得完全服务的请求最终获得成功服务的概率，从而帮助请求避免产生饥饿问题。

根据以上调度规则定义 P_{Q_i} 为用户队列中的数据请求 Q_i 的服务优先级。

定义 5.15　P_{Q_i} 定义为请求 Q_i 的服务优先级。在时刻 t，有

$$P_{Q_i}(t) = \frac{\text{Temp}_{Q_i}(t) \times \text{Starv}_{Q_i}(t)}{\text{SlackTime}_{Q_i}(t)}$$

P_{Q_i} 把请求看成完整调度单位，动态地反映数据请求的受欢迎度与紧迫度，有效避免请求产生饥饿问题。PTIU 为抢占式调度算法，处于服务中的请求会因为另一个优先权更高的请求的出现而中断服务，中断服务后的请求何时再被选择服务的时间未知，因此当一个请求正在接受服务时，要充分利用好广播资源，尽可能让一次广播满足更多请求的需要。如何选择请求内的数据项进行广播直接关系到广播带宽的使用效率，所以本节定义 P_{d_k} 为优先权最高的请求内未被服务数据项的优先权。优先权 P_{d_k} 最高的数据项 d_k 会被服务器选择进行广播。

定义 5.16　P_{d_k} 定义为优先权最高的请求 Q_i 内所有未被服务数据项的优先级。时刻 t，$P_{d_k}(t) = N_{d_k}(t)$，其中 $N_{d_k}(t)$ 为数据项 d_k 在 t 时刻的访问频率，且 $d_k \in \mathrm{UnservedSet}_{Q_i}(t)$。

二、PTIU 算法描述及实例

1. PTIU 算法描述

PTIU 算法描述
输入：用户请求集合以及请求内的数据项集合
输出：广播的数据项

　　第一步：更新用户新发送的请求内包含的数据项的访问频率。当用户发送的请求到达服务器端时，更新该请求内包含的所有数据项的访问频率，并将该请求插入用户请求服务队列中。

　　第二步：请求可调度性检查。实时调度需要对用户请求服务队列中的所有请求进行可调度性检查。具体步骤见 TIU 算法描述。

　　第三步：选择广播的数据项，该阶段分为如下两步。

　　(1)确定接受服务的请求。计算用户服务队列中所有请求的服务优先级(定义 5.15)，选择服务优先权最高的请求进行服务。

　　(2)确定广播的数据项。这一步非常重要，因为被选择服务的请求可能被抢占。为了提高带宽使用效率，服务器首先选择服务被选请求内优先级最高的数据项(定义 5.16)进行广播，即选择访问频率最高的数据项。换言之，在这一步，PTIU 算法在选定的请求内选择要求访问次数最多的数据项进行广播。

　　第四步：每次广播数据项后，更新数据项的相关信息。具体步骤见 TIU 算法描述。服务器完成广播一个数据项会重新进入调度算法的第二阶段，开始选择下一轮接受服务的请求。若下一轮优先权最高的请求不是当前服务请求，服务器会放弃对当前请求的服务，开始服务优先权最高的新请求。因此，在 PTIU 算法中，抢占发生在每轮数据项广播之后。

2. PTIU 算法实例

　　为了更直观地描述 PTIU 算法选择数据项广播的过程，PTIU 算法选择数据项广播的实例如下所示。假设 t 时刻用户请求服务队列如图 5.9 所示。

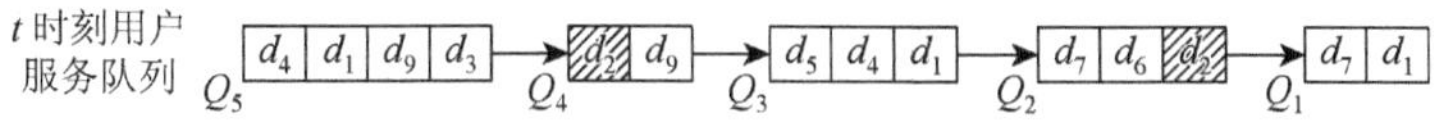

图 5.9 PTIU 算法 t 时刻用户请求服务队列

服务队列中各请求的等待时间(当前时间减去请求到达服务器的时间)分别为

$$\text{WaitTime}_{Q_1} = 4 \text{ 时间单位}, \quad \text{WaitTime}_{Q_2} = 3.5 \text{ 时间单位},$$

$$\text{WaitTime}_{Q_3} = 3 \text{ 时间单位}, \quad \text{WaitTime}_{Q_4} = 2.5 \text{ 时间单位},$$

$$\text{WaitTime}_{Q_5} = 1 \text{ 时间单位}$$

每个请求都有一个与之相对应截止期。假设 $Q_1 \sim Q_5$ 在 t 时刻的相对截止期分别为

$$\text{RDL}_{Q_1} = 7.5 \text{ 时间单位}, \quad \text{RDL}_{Q_2} = 7.5 \text{ 时间单位},$$

$$\text{RDL}_{Q_3} = 11 \text{ 时间单位}, \quad \text{RDL}_{Q_4} = 5.5 \text{ 时间单位},$$

$$\text{RDL}_{Q_5} = 16 \text{ 时间单位}$$

因此, $Q_1 \sim Q_5$ 在 t 时刻的空闲时间分别为

$$\text{SlackTime}_{Q_1} = 3.5 \text{ 时间单位}, \quad \text{SlackTime}_{Q_2} = 4 \text{ 时间单位},$$

$$\text{SlackTime}_{Q_3} = 8 \text{ 时间单位}, \quad \text{SlackTime}_{Q_4} = 3 \text{ 时间单位},$$

$$\text{SlackTime}_{Q_5} = 15 \text{ 时间单位}$$

对队列中的所有请求进行可调度性检查,所有请求被鉴定为可调度请求。根据 Temp_{Q_i} 的定义计算队列中所有请求的受欢迎度为

$$\text{Temp}_{Q_1} = \frac{3+2}{2} = \frac{5}{2}, \quad \text{Temp}_{Q_2} = \frac{2+1}{2} = \frac{3}{2},$$

$$\text{Temp}_{Q_3} = \frac{1+2+3}{3} = 2, \quad \text{Temp}_{Q_4} = \frac{2}{1} = 2,$$

$$\text{Temp}_{Q_5} = \frac{2+3+2+1}{4} = 2$$

根据 Starv_{Q_i} 的定义计算队列中所有请求的饥饿危机度为

$$\text{Starv}_{Q_1} = \frac{4}{2 \times 7.5} = \frac{4}{15}, \quad \text{Starv}_{Q_2} = \frac{3.5}{2 \times 7.5} = \frac{7}{30}, \quad \text{Starv}_{Q_3} = \frac{3}{3 \times 11} = \frac{1}{11},$$

$$\text{Starv}_{Q_4} = \frac{2.5}{1 \times 5.5} = \frac{5}{11}, \quad \text{Starv}_{Q_5} = \frac{1}{4 \times 16} = \frac{1}{64}$$

根据定义计算队列中所有请求的服务优先级为
$$P_{Q_1} = 0.191 , \quad P_{Q_2} = 0.086 , \quad P_{Q_3} = 0.022,$$
$$P_{Q_4} = 0.303 , \quad P_{Q_5} = 0.002$$

显然，请求 Q_4 的服务优先级 P_{Q_4} 最高，因此在请求选择阶段，Q_4 被服务器选中。数据项 d_9 是请求 Q_4 内唯一一未被服务数据项，因此服务器在 t 时刻选择 d_9 进行广播。广播一个数据项所耗费的时间为一个时间单位，$t+1$ 时刻，服务器已完成对 d_9 的广播。一旦请求 Q_4 接收到数据项 d_9，服务器会将其从用户服务队列中删除，因为请求 Q_4 已成功获得服务。在广播 d_9 过程中有新请求 Q_6 到达服务器，$t+1$ 时刻用户服务队列如图 5.10 所示。

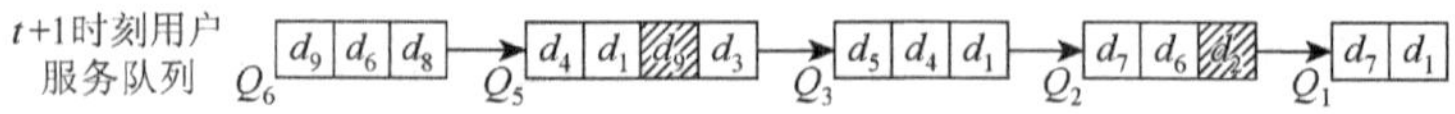

图 5.10　PTIU 算法 $t+1$ 时刻用户请求服务队列

$t+1$ 时刻，服务队列中各请求的等待时间分别为
$$\text{WaitTime}_{Q_1} = 5 \text{ 时间单位}, \quad \text{WaitTime}_{Q_2} = 4.5 \text{ 时间单位},$$
$$\text{WaitTime}_{Q_3} = 4 \text{ 时间单位}, \quad \text{WaitTime}_{Q_5} = 2 \text{ 时间单位},$$
$$\text{WaitTime}_{Q_6} = 0.5 \text{ 时间单位}$$

新到达的请求 Q_6 的相对截止期为 $\text{RDL}_{Q_6} = 10.5$ 时间单位，因此各请求的空闲时间分别为
$$\text{SlackTime}_{Q_1} = 2.5 \text{ 时间单位}, \quad \text{SlackTime}_{Q_2} = 3 \text{ 时间单位},$$
$$\text{SlackTime}_{Q_3} = 7 \text{ 时间单位}, \quad \text{SlackTime}_{Q_5} = 14 \text{ 时间单位},$$
$$\text{SlackTime}_{Q_6} = 10 \text{ 时间单位}$$

对队列中的所有请求进行可调度性检查，所有请求被鉴定为可调度请求。根据 Temp_{Q_i} 的定义计算队列中所有请求的受欢迎度为
$$\text{Temp}_{Q_1} = \frac{3+2}{2} = \frac{5}{2} , \quad \text{Temp}_{Q_2} = \frac{2+2}{2} = 2 ,$$
$$\text{Temp}_{Q_3} = \frac{1+2+3}{3} = 2 , \quad \text{Temp}_{Q_5} = \frac{2+3+1}{3} = 2 ,$$
$$\text{Temp}_{Q_6} = \frac{1+2+1}{3} = \frac{4}{3}$$

根据 Starv_{Q_i} 的定义计算队列中所有请求的危机度为
$$\text{Starv}_{Q_1} = \frac{1}{3} , \quad \text{Starv}_{Q_2} = \frac{3}{10} , \quad \text{Starv}_{Q_3} = \frac{4}{33} ,$$

$$\text{Starv}_{Q_5} = \frac{1}{24} , \quad \text{Starv}_{Q_5} = \frac{1}{63}$$

根据定义计算队列中所有请求的服务优先级为

$$P_{Q_1} = 0.333 , \quad P_{Q_2} = 0.2 , \quad P_{Q_3} = 0.035 ,$$
$$P_{Q_5} = 0.006 , \quad P_{Q_6} = 0.002$$

请求 Q_1 的服务优先级 P_{Q_1} 最高，因此在请求选择阶段，Q_1 被服务器选中服务。接下来计算 Q_1 内未被服务数据项的优先级为

$$P_{d_1} = 3 , \quad P_{d_7} = 2$$

因为 $P_{d_1} > P_{d_7}$，所以服务器在 $t+1$ 时刻选择广播数据项 d_1。t 时刻与 $t+1$ 时刻服务器数据广播情况如图 5.11 所示，与之对应，$t+2$ 时刻用户请求内数据项的服务情况如图 5.12 所示。

图 5.11　PTIU 算法 t 时刻与 $t+1$ 时刻数据广播队列服务情况

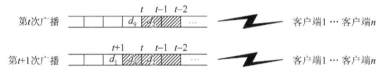

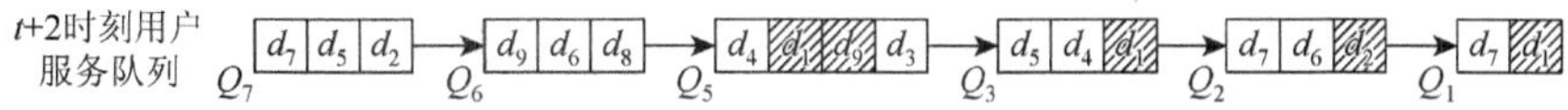

图 5.12　PTIU 算法 $t+2$ 时刻用户请求服务队列服务情况

3. PTIU 算法伪代码

PTIU 算法伪代码

选取需要广播的数据项。

1.　//从请求服务队列中移除不可调度的请求
2.　　**for** each $Q_i \in \text{Service}Q$ **do**
3.　　　　**if**(clock+ | UnservedSet$_{Q_i}$ | × ServiceTime) > DL$_{Q_i}$ **then**
4.　　　　　　ServiceQ ← ServiceQ − Q_i
5.　　　　**end if**
6.　　**end for**
7.　　//实施第一个层次调度，计算服务队列中每个请求的优先级
8.　　maxPriority ← 0
9.　　sum N_i ← 0
10.　　**for** each, UnservedSet$_{Q_i}$, where $Q_i \in \text{Service}Q$ **do**
11.　　　　W_{Q_i} ← clock − ArrivalTime
12.　　　　RDL$_{Q_i}$ ← DL$_{Q_i}$ − ArrivalTime
13.　　　　**for** $j \leftarrow 1$, | UnservedSet$_{Q_i}$ |

14.	$\mathrm{sum}N_i \leftarrow \mathrm{sum}N_i + N_{d_{q^i(j)}}$
15.	**end for**
16.	$\mathrm{Starv}_{Q_i} \leftarrow \dfrac{W_{Q_i}}{\mathrm{RDL}_{Q_i} \times \left\vert \mathrm{UnservedSet}_{Q_i} \right\vert}$
17.	$\mathrm{Temp}_{Q_i} \leftarrow \dfrac{\mathrm{sum}N_i}{\left\vert \mathrm{UnservedSet}_{Q_i} \right\vert}$
18.	$P_{Q_i} \leftarrow \dfrac{\mathrm{Temp}_{Q_i} \times \mathrm{Starv}_{Q_i}}{\mathrm{SlackTime}_{Q_i}}$
19.	**if** $P_{Q_i} > \mathrm{maxPriority}$ **then**
20.	$\mathrm{maxPriority} \leftarrow P_{Q_i}$
21.	$\mathrm{Slectedrequest} \leftarrow Q_i$
22.	**end if**
23.	**end for**
24.	//实施第二个层次的调度，从选取的请求中挑选访问频率最高的数据项进行广播
25.	$\max P_{d_k} \leftarrow 0$
26.	**for** $j \leftarrow 1$，$\vert \mathrm{UnservedSet}_{Q_i} \vert$ **do**
27.	**if** $N_{d_{q^i(j)}} > \max P_{d_k}$ **then**
28.	$\max P_{d_k} \leftarrow N_{d_{q^i(j)}}$
29.	$\mathrm{selecteddata} \leftarrow d_{q^i(j)}$
30.	**end if**
31.	**end for**
32.	广播所选数据项 selecteddata

第六节 算法仿真与性能分析

一、TIU、DPA 与 PTIU 算法仿真与比较

本节执行一组实验，对所设计的 TIU、DPA 与 PTIU 算法性能进行比较分析。仿真实验里使用的主要参数及设置如表 5.4 所示。若无特殊声明，所有调度算法执行时使用参数默认值。算法性能的主要评价指标为请求截止期错失率。

表 5.4 仿真系统参数设置

参数符号	默认值	取值范围	描述
f	30	10～80	用户请求到达速度控制参数
NUMCLIENT	30	10～50	客户端总数目
DBSIZE	200	100～300	数据库数据项的总数目
BANDWIDTH	100KB/s	—	下行广播网络带宽

续表

参数符号	默认值	取值范围	描述
LMIN	15s	5～30	最小松弛时间
LMAX	25s	10～50	最大松弛时间
N	5	1～7	请求内包含数据项数目平均值
θ	0.8	0～1.0	Zipf分布偏斜率

DPA-α算法中的α是一个相对调谐参数，它用于增大或者减少数据项访问频率的幂级。换言之，它用于改变数据项服务产率因素的权重，数据项服务产率也可称为数据项的受欢迎度。根据多数据项请求调度特性，在调度中过多地考虑数据项的受欢迎度会使热点数据项与冷门数据项的调度失衡，从而使请求产生饥饿问题，最终导致调度性能下降。在调度中过少考虑数据项受欢迎度会使广播带宽得不到充分利用，从而使带宽使用率下降，最终也会导致调度性能下降。因此，如何控制数据项受欢迎度在调度策略中所占权重是影响算法性能的关键问题。

图5.13反映了不同请求到达速度下，DPA算法使用不同调谐参数α对请求截止期错失率的影响。由图可知，DPA-1.5算法的截止期错失率始终最高，DPA-0.5算法的截止期错失率最低，DPA-0.0算法的截止期错失率处于以上两者之间。在DPA算法的调度策略中，数据项紧迫度根据所有包含该数据项的请求的紧迫度计算得来，因此数据项的紧迫度间接考虑了数据项受欢迎度，即使在$\alpha=0$时，DPA算法的调度策略仍然考虑了数据项受欢迎度。由于是间接考虑，所以数据项受欢迎度在整个调度策略中所占权重较小，广播带宽没有得到充分利用。当$\alpha=1.5$时，DPA算法调度策略里数据项受欢迎度的权重明显高于其他因素的权重，属于过度考虑数据项受欢迎度。在这种情况下，服务器会选择服务访问频率高的数据项，因此请求会因为等不到需要的冷门数据项而产生饥饿问题，最终错失请求截止期。当$\alpha=0.5$时，调度策略中数据项受欢迎度的权重与其他因素持平，此时DPA算法既能较好地利用广播带宽，又能平衡热点数据项与冷门数据项的调度，因此请求的截止期错失率最低。

下列一组实验从不同角度比较TIU、DPA以及PTIU算法的性能。DPA算法在这组实验中默认使用DPA-0.5算法。

图5.14反映请求到达速度对算法性能的影响。当请求到达速度增大，即系统负载变重时，所有算法的请求截止期错失率变大。TIU算法在系统负载较大时，性能下降较快。TIU算法属于非抢占式算法，服务器会连续服务被选中的请求，直到该请求成功获得服务。当系统负载变重时，数据项的受欢迎度是影响算法性能的关键因素。TIU算法不存在请求内数据项的调度问题，在系统负载较大时，没有考虑数据项的受欢迎度，不能较好地利用广播带宽服务数据，因此性能最低。

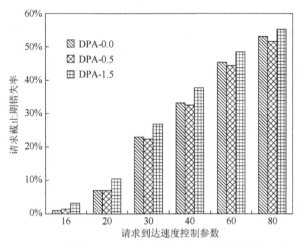

图 5.13　参数 α 对 DPA 算法请求截止期错失率的影响

DPA 与 PTIU 算法虽然使用不同的调度方式，但它们都考虑了多数据项请求的调度特性，结合数据受欢迎度、紧迫度来设计调度策略。从总体看，它们结果相近，PTIU 算法性能略好于 DPA 算法。

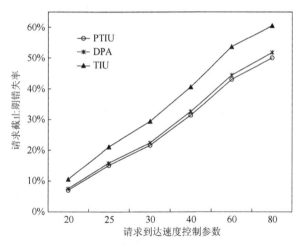

图 5.14　请求到达速度对请求截止期错失率的影响

图 5.15 反映请求内包含数据项的数目对算法性能的影响，并引入 FCFS 与 SIN 算法进行分析比较。为了公平比较算法间性能的差异，当请求包含数据项的数目增多时，调整(降低)请求的到达速度，始终保持系统负载不变。当请求包含的数据项增多时，请求截止期错失率增大，这与预期的结果相同。TIU、DPA 与 PTIU 算法既适用于多数据项请求环境，又适用于单数据项请求环境。如图 5.15 所示，当请求内包含的数据项数目为 1 时，为单数据项请求环境。单数据项请求是多数据项请求

的一个特例。在单数据项请求环境下，FCFS 算法的表现最差，这与 Aksoy 等[①]的实验结果吻合，而 TIU、DPA 以及 PTIU 算法的性能与 SIN 算法的性能几乎相同。TIU 算法是 SIN 算法的扩展，即从请求的角度考虑数据项受欢迎度和紧迫度。当请求内包含的数据项数目为 1 时，TIU 与 SIN 算法没有本质区别，因此 TIU 与 SIN 性能的请求截止期错失率相同。DPA 与 PTIU 算法在考虑数据项受欢迎度与紧迫度的同时还增加了对数据项等待时间的考虑，在单数据项环境下，它们的性能与 SIN 算法的性能相近。当请求内的数据项数目增多时，SIN 算法性能急剧下降，单纯从数据项的受欢迎度与紧迫度来考虑数据调度，缺少从整体上考虑多数据项请求的特性，必将导致热点数据项与冷门数据项的调度失衡。FCFS 算法把请求作为完整调度单位，平等对待热点数据项与冷门数据项，性能下降较为平缓。TIU 算法不但把请求作为完整调度单位，而且完整考虑数据项的受欢迎度与饥饿危机度，因此，当请求内数据项数目增加时，TIU 算法的性能好于 FCFS 算法。在 TIU、DPA 以及 PTIU 算法中，TIU 算法的截止期错失率最高，这是非抢占式的调度方式与缺少对数据项饥饿危机度的考虑的双重影响所导致的结果。DPA 算法与 PTIU 算法的性能接近。DPA 算法除了考虑数据项受欢迎度与饥饿危机度外，还考虑数据项的等待时间和请求内数据项的服务情况来平衡热点数据项与冷门数据项的调度，并取得了不错的调度性能，但是 DPA 算法在每轮计算数据项优先权时都需要累加用户请求队列中所有请求的饥饿危机度，构造代价大。当系统负载很重时，用户请求队列中请求的数目大，DPA 算法是不可量测的。PTIU 算法基于请求优先权的调度方式构造代价小，即使

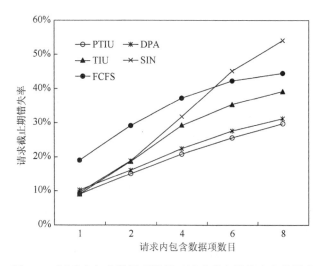

图 5.15　请求内包含数据项数目对请求截止期错失率的影响

① Aksoy D，Frankin M. RXW：Scheduling approach for large-scale on-demand data broadcast. IEEE/ACM Transactions on Networking，1999，7(6)：846-860.

系统负载较大时，系统同样具有较好的健壮性及可量测性，而它的可抢占式调度方式克服了基于请求调度的缺点，能更好地满足紧迫请求的需要。

图 5.16 反映了数据访问模式偏斜率对算法性能的影响。当偏斜率增大时，所有算法的性能明显提升，这符合预期的结果。与以上实验结果相同，PTIU 算法在整个范围内性能最好。当偏斜率增大时，数据项的访问模式会由均匀逐渐转入高度偏斜，所有数据项的访问频率会从相同分化为高访问频率数据(热点数据项)与低访问频率数据(冷门数据项)。此时，广播热点数据项可以使更多的用户接收需要的数据，从而节省更多带宽服务其他用户。

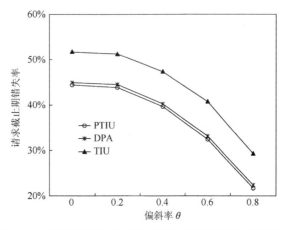

图 5.16 数据访问模式偏斜率对请求截止期错失率的影响

总结以上实验结果，基于多数据项请求的广播调度算法总体表现归纳如下。

(1)本书提出的 TIU、DPA-α 和 PTIU 算法与以往基于单数据项请求的调度算法相比，具有较好的通用性与较高的调度性能。在单数据项请求环境下，它们的性能与经典的动态调度算法 SIN 算法相近，能够提供较高的请求成功服务率。在多数据项请求环境下，它们的性能优于基于单数据项请求的调度算法，较好地缓解了请求产生的饥饿问题，有效降低了请求截止期错失率。

(2)TIU 算法是 SIN 算法在多数据项请求环境下的扩展，把请求作为完整调度单位，这与 FCFS 算法的调度方式相同。此外，TIU 算法还增加了对请求的受欢迎度以及危机度的考虑。因此，无论在单数据项请求环境还是多数据项请求环境下，TIU 算法性能均好于 SIN 和 FCFS 算法。首先，在多数据项请求环境下，请求产生饥饿问题是导致算法性能下降的直接原因。虽然 TIU 算法把请求看成完整调度单位可以在一定程度上缓解饥饿问题，并考虑请求受欢迎度与饥饿危机度来提高算法性能(与 SIN 和 FCFS 算法比较)，但是 TIU 算法没有直接考虑请求的饥饿危机度(由请求等待时间、请求内未被服务数据项数目、请求的相对截止期决定)，当请求内包含数据项数目增多时，不能较好地使请求避免产生饥饿问题。其次，由于 TIU 算法使用非抢占式调度方式，只在选取请求时考虑数据项受欢迎度，一旦选定接受服务的请求后，顺序服务请求内的数据项，缺少对请求内数据项受欢迎度的考虑。在系统负载较大时，缺少对数据项受欢迎度的考虑会直接导致算法性能下降。

(3)DPA-α 算法是基于数据项优先权的调度算法。它把多数据项请求的特性融入数据项调度中，除了考虑数据项受欢迎度与饥饿危机度外，还增加了对数据项等待时间的考虑。在多数据项请求环境下，考虑等待时间可以从一定程度上平衡热点数据项与冷门数据项的调度，减少请求因为等待冷门数据项的时间过长而最终错失截止期的情况，还可以进一步减少请求产生饥饿问题的概率，从而降低请求的截止期错失率。DPA 算法从请求的角度考虑数据项的优先权，在每轮选择接受服务的数据项时，需要计算所有被请求的数据项的优先权，而每个数据项的优先权必须通过搜索请求服务队列中所有请求来获取。因此，DPA 算法的计算复杂度为 $O(MN)$，其中，N 为数据库的大小，即数据项的总数目，M 为当前用户请求服务队列的长度。当数据库较大、用户请求服务队列较长时，DPA 算法执行代价太大，具有不可量测性。

二、与现存经典算法的比较分析

下列一组实验用于比较现存五种经典算法(详细描述见第四章第二节)与 PTIU 算法(详细描述见第五章第五节)在多数据项实时点播式广播系统中的性能。仿真实验里使用的主要参数及设置见表 5.5。若无特殊声明，所有调度算法执行时使用默认参数值。本书规定连续两个到达服务器的请求之间的时间间隔服从指数分布，使用参数 f 调整该时间间隔来控制用户请求到达速度。当 $f=1$ 时，请求的到达速度为 0.6 个请求/s。f 的值越大，用户请求到达速度越快，从而导致系统负载增大。服务器数据传输速度用 BANDWIDTH 表示，且假设所有数据项的长度为 10KB。请求截止期分别服从取值范围为[a, b]的均匀分布与数学期望为 M 的指数分布。

实验结果在仿真系统处于稳定状态、请求截止期错失率的可信程度达到 0.95 且半宽值小于请求截止期错失率平均值的 1%时获得。

本书将 PTIU 算法与现存经典 FCFS、MRF、EDF、RXW、SIN 算法进行比较。比较之前，根据算法在多数据项请求环境下的调度机制对算法进行分类。在 MRF、EDF、RXW、SIN 算法中，请求内的数据项具有不同的服务优先级，不能连续获得服务，因此这些算法被归为基于数据项调度的算法。在 FCFS 算法中，请求内包含的所有数据项具有相同的服务优先级，它们可以连续获得服务，因此 FCFS 算法是基于请求的调度算法。所以，FCFS 算法与 PTIU 算法被归为基于请求的调算法。

表 5.5　仿真实验参数设置

参数符号	默认值	取值范围	描述
f	40	10~80	用户请求到达速度控制参数
NUMCLIENT	30	10~50	客户端总数目
DBSIZE	300	100~300	数据库数据项的总数目
BANDWIDTH	100KB/s	50~250	下行广播网络带宽
A	14s	5~30	最小松弛时间
B	26s	10~50	最大松弛时间
N	5	1~7	请求内包含数据项数目平均值
M	80s	50~100	指数分布松弛时间的数学期望

1. 请求内包含数据项数目对算法性能的影响

　　下列一组实验用于比较各算法在请求内包含数据项数目变化时对调度性能的影响。为了公平比较，当请求内数据项数目改变时，本实验调整请求到达速度(减小)始终维持系统负载(数据项被请求的速度)不变。当请求内包含的数据项数目为5时，请求到达速度控制参数 f 为40。

　　图 5.17 表示请求内包含数据项数目对请求截止期错失率的影响。图 5.17(a)与图 5.17(b)中请求的截止期分别服从指数分布与均匀分布。当请求内包含数据项的数目为1时，即单数据项请求环境，单数据项请求环境是多数据项请求环境的一种特例。此时，PTIU 算法与 SIN 算法的调度性能相同，具有最低请求截止期错失率。而其他算法的性能与 Xu 等[①]提供的基于单数据项请求环境的仿真实验结果基本一致。虽然当请求内包含的数据项数目增加时，系统负载并没有改变，但是所有算法的请求截止期错失率均上升。如图 5.17 所示，基于数据项的调度算法性能下降较快，因为它们在调度时缺少考虑请求的服务状态，这会导致请求产生不同程度的饥饿问题。在基于数据项的调度算法中，MRF 算法性能最差，SIN 算法虽然在单数据项请求环境下表现最佳，但是在多数据项请求环境下性能下降明显。在多数据项请求调度中考虑时限要求也不能使请求避免产生饥饿问题。当请求内包含数据项数目大于 7 时，FCFS 算法的性能好于所有基于数据项的调度算法。FCFS 算法在调度时可以保证请求内包含的数据项连续获得服务，因此它很自然地避免了请求产生饥饿问题。本书提出的 PTIU 算法不但从请求的服务情况来考虑调度，避免请求出现饥饿问题，并使用抢占机制优化性能，因此无论在单数据项

　　① Xu J，Tang X，Lee W C. Time-critical on-demand data broadcast：Algorithms，analysis，and performance evaluation. IEEE Transactions on Parallel and Distributed Systems，2006，17(1)：3-14.

请求环境还是在多数据项请求环境下，PTIU 算法的性能明显高于其他算法。

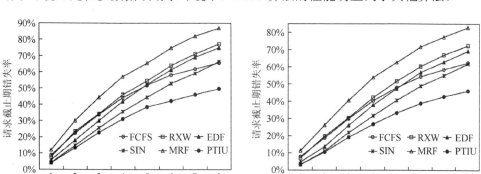

(a) 指数分布截止期　　　　　　(b) 均匀分布截止期

图 5.17　请求内包括数据项数目对请求截止期错失率的影响

图 5.18 表示请求内包含数据项数目对广播带宽节省率的影响。图 5.18(a) 与图 5.18(b) 中请求的截止期分别服从指数分布与均匀分布。广播带宽节省率反映调度算法的带宽使用率。当请求内包含数据项数目较少时，所有算法均有较高的广播带宽节省率。当请求内包含数据项数目增加时，不同算法性能下降的程度也不尽相同。与 FCFS 和 PTIU 算法相比，基于数据项调度的四个算法性能下降较快。MRF 算法只热衷于服务热点数据项，而不是服务一个完整请求，因此 MRF 算法的性能下降最快。FCFS 与 PTIU 算法选择广播可以使请求成功获得服务的数据项，因此它们能更有效地使用带宽，且性能下降较慢。

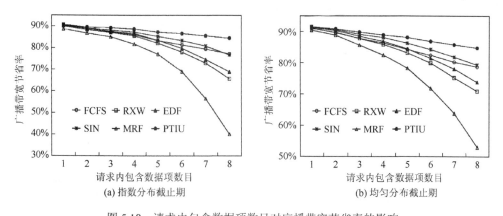

(a) 指数分布截止期　　　　　　(b) 均匀分布截止期

图 5.18　请求内包含数据项数目对广播带宽节省率的影响

2. 请求到达速度对算法性能的影响

图 5.19 表示请求到达速度对请求截止期错失率的影响。图 5.19(a) 与图 5.19(b)

分别表示请求截止期服从指数分布与均匀分布时请求截止期错失率。图中右部的虚线部分为请求截止期错失率的理论下界(参照理论最优值 OPT-INF)。图 5.19 显示，当控制参数 f 大于 30 时，本书提出的 PTIU 算法与 OPT-INF 最接近。当系统负载加重时，所有算法的请求截止期错失率增大，这与预期结果相同。在基于数据项调度的四个算法中，MRF 算法在整个范围内表现最差，当系统负载变大时，EDF 算法是表现倒数第二的算法。在负载较大的系统中，只考虑请求时限要求是不够的，数据项受欢迎度是决定算法性能好坏的关键因素。虽然 FCFS 算法是一个对时间不敏感、更没有考虑数据受欢迎度的算法，但是它的性能在整个范围内都好于 MRF 算法，而且在负载较大的系统中，它的性能与 EDF 算法相近。为了提高调度性能，截止期限制(deadline constraint)与数据受欢迎度是调度算法经常考虑的两大因素，但是本书发现，在调度多数据项请求时使用它们不能带来较好的性能。在多数据项请求调度中，把这两个因素应用于数据项层面会导致请求产生严重的饥饿问题。SIN 算法是基于数据项调度的经典算法。虽然它同时考虑时限要求与数据受欢迎度，但是它与其他几个基于数据项调度的算法一样，不把请求看成整体来调度。所以，它们全部会导致请求出现严重的饥饿问题。

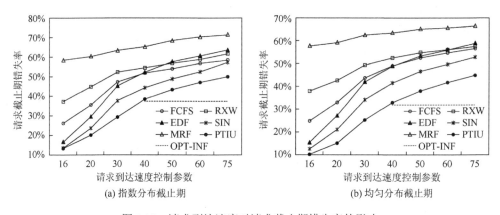

图 5.19　请求到达速度对请求截止期错失率的影响

图 5.20 表示请求到达速度对可避免错失截止期的请求比例的影响。图 5.20(a) 与图 5.20(b)中请求的截止期分别服从指数分布与均匀分布。可避免错失截止期的请求比例反映各算法内请求产生饥饿的程度，即反映算法的调度效率。如图所示，基于数据项调度的四个算法的请求比例明显高于基于请求调度的两个算法，本书提出的 PTIU 算法请求比例最低。可避免错失截止期的请求比例高意味着调度算法有较大的空间通过重新利用被浪费带宽来改善其性能，而这部分被浪费带宽之前是服务那些已错失截止期的请求而耗费的。一方面，虽然 SIN 算法在调度时综

合考虑数据受欢迎度和数据时限要求，但是 SIN 算法中大部分错失截止期的请求都是近似完全获得服务的请求，请求出现的饥饿问题最为严重。另一方面，FCFS 算法在调度时既没考虑数据项受欢迎度，又没考虑请求饥饿危机度，它平等对待请求内的每个数据项，FCFS 算法内请求出现饥饿的程度远小于从数据项角度考虑调度的算法。在图 5.20 中，虽然 FCFS 算法的性能好于所有基于数据项调度的算法，但是该算法内请求出现饥饿的程度还是高于 PTIU 算法。虽然广播机制自身的特性决定了服务先到达请求的同时也能服务一些后续到达且具有相同需求的请求，但是 FCFS 算法没有考虑时限要求以及请求服务状态，那些后到达的请求可能会遗留少数未获得服务的数据项。最终 PTIU 算法从请求角度整体考虑数据项受欢迎度以及请求饥饿危机度因素并使用抢占机制有效处理饥饿危机度高的请求，有效地解决了请求出现的饥饿问题。

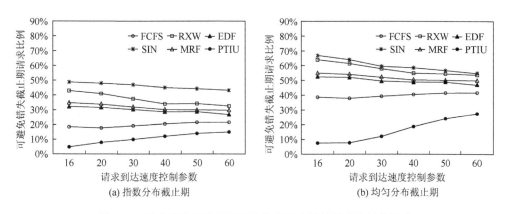

图 5.20　请求到达速度对可避免错失截止期的请求比例的影响

　　图 5.21 表示请求到达速度对广播带宽节省率的影响。图 5.21(a) 与图 5.21(b) 中请求的截止期分别服从指数分布与均匀分布。带宽节省率反映各算法利用广播带宽的效率。当系统负载加大时，所有算法的带宽节省率增大，这与前面带宽节省率的理论分析结果一致。当系统负载较小时，MRF 算法的带宽节省率很低，因为数据项受欢迎度因素在负载较小的系统中作用不明显，大部分数据项被请求的次数较少(可能为一次)或者相同。MRF 算法从数据项角度考虑数据受欢迎度，导致大部分请求不能在截止期内接收需要的所有数据项，而那些已被接收的数据项不能为成功服务请求作出贡献。换言之，服务这些数据项是浪费广播带宽。PTIU 算法与 SIN 算法都在调度中同时考虑数据时限要求与访问频率因素，但是如上所述，PTIU 算法热衷于服务那些可以使请求成功获得服务的数据项，因此 PTIU 算法能更有效地利用广播带宽来服务数据项。

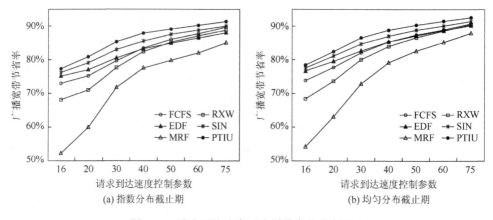

图 5.21　请求到达速度对广播带宽节省率影响

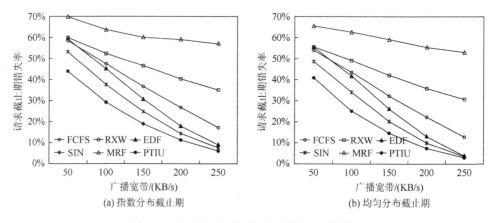

图 5.22　广播带宽对请求截止期错失率的影响

3. 广播带宽对算法性能的影响

图 5.22 表示数据项广播带宽对请求截止期错失率的影响。图 5.22(a) 与图 5.22(b) 中请求的截止期分别服从指数分布与均匀分布。当广播带宽增大时，服务器广播数据项的能力变强，单位时间内广播次数增加，可以服务更多的请求，因此所有算法的请求截止期错失率降低。当广播带宽较大时，在调度中考虑时限要求的算法(EDF、SIN 与 PTIU 算法)能较好地利用广播的优势，它们的请求截止期错失率下降明显。在广播带宽为 250KB/s 时，EDF、SIN 与 PTIU 算法的截止期错失率小于 5%。因此，当广播带宽较大时，考虑请求时限要求是控制算法性能的主导因素。当广播带宽较小时，算法性能之间的差距加大，此时不能忽略数据项受欢迎度以及请求内数据项的服务情况对算法性能的影响。PTIU 算法在整个广播带宽测试范围内请求截止期错失率最低，而 EDF、MRF、RXW、FCFS 算法需要耗

费更多带宽才能获得与 PTIU 算法相近的请求截止期错失率。如图 5.22(b)所示，若要求请求截止期错失率达到 15%，FCFS、EDF 和 SIN 算法需要的广播带宽分别为 250KB/s、200KB/s、175KB/s，而 PTIU 算法需要的广播带宽 150KB/s。与 FCFS 算法相比，PTIU 算法可以节省 40%的带宽；与 EDF 算法相比，可以节省 25%的带宽；与 SIN 算法相比，可以节省 15%的带宽。

　　综合以上实验结果可以看出，无论请求内数据项数目、请求到达速度、广播带宽如何变化，PTIU 算法都能有效组织广播带宽进行数据广播。在单数据项请求环境下，它的请求截止期错失率低于大多数现存调度算法，与经典动态调度算法——SIN 算法性能相同；在多数据项请求环境下，它有效避免了请求产生饥饿问题，各项性能指标明显优于以往其他算法，请求成功服务率最高。

第七节　小　　结

　　本章从理论上对实时多数据项请求广播调度问题建模。一方面，本章分析了当请求到达速度趋近于无穷大时，最小请求截止期错失率的理论值；分析了多数据项请求截止期错失率下界不仅有利于从理论上分析数据项广播带宽的最优分配，而且对在线动态调度算法性能的评价具有一定的指导意义。另一方面，本章从理论上分析了数据广播带宽利用率，进一步证实了饥饿问题导致请求截止期错失率增加从而使广播带宽利用率下降的推测。本章证实以往算法在调度时忽略实时多数据项请求与其包含的数据项之间的联系，缺少考虑请求内部数据项的服务情况会导致大多数请求产生饥饿问题。而饥饿问题是导致算法性能下降的根本原因。基于此，本章提出了基于请求的动态调度算法(TIU)、基于数据项的动态调度算法(DPA)以及混合动态调度算法(PTIU)三种基于实时多数据项请求的广播调度算法。在实时多数据项请求环境下，无论是基于请求调度还是基于数据项调度，广播调度的关键在于如何避免请求出现饥饿问题，解决此问题就必须考虑请求与其包含的数据项之间的联系。因此，如何在调度中动态反映请求与其包含数据项之间的关系是调度算法的关键问题之一。仿真实验对这三种新算法的性能进行了分析与比较。实验结果证明，这些算法都能较好地处理实时多数据项请求，使请求避免出现饥饿问题。这三种新算法中，DPA 和 PTIU 算法性能最好，但是 DPA 算法计算复杂度较高，实施起来不太切合实际。PTIU 算法不但拥有较好的性能，且计算复杂度较低，易于实现。为了更好地分析各算法的性能、更全面地考察广播调度算法的性能，本章除了使用请求截止期错失率作为评价算法性能的主要指标外，还分别从广播带宽利用率和请求产生饥饿的程度来考察实时多数据项请求广播调度算法的性能。最后，在仿真环境下，本章采用实验的方法，通过多项性能评价指标分别从不同角度对 PTIU 算法以及其他五种现存经典调度算法的性能进行了比较。实验结果显示，本书提出的 PTIU 算法能有效避免多数据项请求出现饥饿问题，其性能在整个测试范围内优于其他算法。PTIU 算法不仅具有最低的请求截止期错失率，其值接近请求截止期错失率理论最优值，而且它还能有效组织广播带宽广播数据项，具有最优广播带宽利用率。

第六章　融合网络编码技术的信息服务问题构建及编码策略设计

第一节　研　究　动　机

　　传统信息广播系统的运行基于一个基本假设，即在一个时间单元内，服务器只能广播一个数据项。在每次广播后，只有同时请求该数据项的移动客户端才能获得服务。这种一次只能传输一个数据项的广播模式很大程度上限制了网络带宽的使用率。随着信息需求快速增长，特别是对大量流媒体数据的需求不断增大，有限的网络带宽成为影响信息服务质量的最大问题。因此，必须摒弃传统信息广播系统的运行假设，开发新的数据广播模式，以提高带宽使用率和改善服务质量。目前最有效的广播模式是在传统数据广播模式中引入网络编码技术。融合网络编码技术的数据广播必须基于一个前提条件，即服务器充分了解客户端发出的访问请求以及每个客户端的缓存信息情况。因此，本书默认服务器完全掌握各个客户端缓存信息的情况。在数据广播系统中如何应用网络编码使系统性能得到改善是近年来研究数据广播调度的学者一直关注的问题。网络编码在数据广播系统中的应用是数据广播系统研究的新方向，且同时涉及网络编码策略、数据广播调度策略以及数据缓存策略的研究。目前研究提出的网络编码应用方案灵活性不好。基于 LC 组合对数据项进行编码随机性较高[①]，LC 编码的原理会导致编码数据项的解码效率较低，除非客户端拥有非常大的缓存空间，不然很难在短时间内对编码的数据项进行解码，最后导致数据访问时间较长。研究者发现了 LC 编码的弊端，并提出在编码时不再把所有广播的数据项编码成一个数据，而是选择每轮广播时，固定将两个数据项进行编码[②]。这种编码方式缺乏灵活性，每次固定将两个数据项编码在一起缺乏理论依据。虽然其编码效果比 LC 编码好，但是这类编码策略因为没有相关理论的支持，其编码策略没有以最小化数据访问时间为目的，所以这类编码策略无法达到最佳效果。网络编码在信息广播系统的应用前提条件决定了信息服务系统的编码效率在很大程度上由网络编码策略与客户端缓存策略共同决定。基于网络编码的客户端缓存策略是融合网络编码的信息服务系统研究中另一

　　① Li S，Yeung R，Cai N. Linear network coding. IEEE Transactions on Information Theory，2003，49（2）：371-381.

　　② Chu C，Yang D，Chen M. Multi-data delivery based on network coding in on-demand broadcast. Proceedings of the 9th International Conference on Mobile Data Management，2008：181-188.

个重要研究方向。目前基于网络编码的缓存策略较少，计算复杂度较高。所以，为了优化融合网络编码的信息服务系统，不仅需要研究优化网络编码技术与数据广播相结合的策略，而且需进一步研究与分析网络编码技术与客户端缓存管理相融合的策略。另外，信息广播系统融合网络编码技术的效果取决于广播调度、缓存策略与网络编码的融合程度。目前大部分基于网络编码的信息广播调度算法只是简单地在数据调度之后应用网络编码策略，即对调度算法选择出来的数据项进行编码；缓存管理策略未考虑任何数据编码的信息。这种方式实施简单，容易实现，但缺点也显而易见。因为这种方式仅使用编码技术处理数据调度过程结束后的编码问题，整个网络编码过程并未参与数据调度过程，所以编码数据无法保证服务的客户端数目最大化。

　　因此，本书为融合网络编码的信息服务系统提供完整的服务优化方案。本章主要对融合网络编码信息广播系统的若干研究问题进行理论建模，设计弹性更好、效率更高的信息广播服务系统网络编码策略。

第二节　基于网络编码技术的信息广播系统框架

　　基于网络编码的信息广播系统框架如图 6.1 所示，它基于移动计算环境下的信息广播系统[1]的典型结构而构建。系统包含一个服务器和若干个移动客户端。每个客户端都拥有一个本地缓存，用来保存从服务器广播的编码包中解码得到的请求数据项[2]。由于每个客户端的本地缓存空间有限，不可能无限度地存储所有从服务器获取的数据项，所以每个客户端必须采用相应的缓存替换策略对缓存的数据进行管理。

　　客户端的应用程序有数据需求时，会发出查询请求给客户端，请求获得需要的数据。客户端会在第一时间检查自己的本地缓存，查看所需的数据是否保存于本地缓存中。若数据存储在本地缓存中，客户端会直接将该数据提交给应用程序，完成数据查询的要求；若无法在本地缓存中找到需要的数据，该客户端会生成一个数据项请求，向服务器请求获得数据。客户端通过上行信道把数据项请求以及自己本地缓存的更新信息一起发送给服务器。客户端完成信息发送后，转入监听模式，持续监听下行信道，等待获取广播的信息。服务器会持续广播编码后的数据包，客户端需要对编码数据包进行解码才能获得自己需要的数据项，只有从广播的数据包中成功解码出请求的数据项，其请求才被认定为成功获得服务。

①　Aksoy D，Franklin M. RXW：A scheduling approach for large-scale on-demand data broadcast. IEEE/ACM Transactions on Networking（TON），1999，7（6）：846-860.

②　Birk Y，Kol T. Coding on demand by an informed source（ISCOD）for efficient broadcast of different supplemental data to caching clients. IEEE/ACM Transactions on Networking，2006，14：2825-2830.

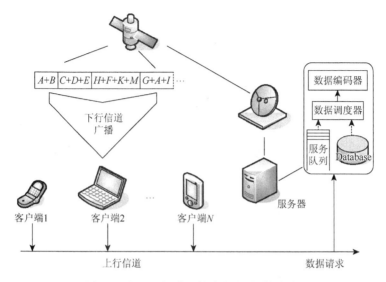

图 6.1　基于网络编码的信息广播系统框架

服务器一旦接收客户端发送过来的请求，会将该请求添加到自己的服务队列中。为了让一次信息广播可以服务更多的客户端，网络编码被采纳。首先，对需要广播的数据项进行编码。然后，服务器根据选定的数据调度算法，将各个客户端的缓存和请求数据项的信息以及相应的编码策略生成一个编码包。异或操作因简便、代价小而被广泛应用于数据的编码及解码，因此本章描述的信息广播系统采用异或操作对准备广播的数据项进行编码及解码。最后，服务器通过下行信道将编码的数据广播给客户端。被成功服务的请求会从服务队列中移除。服务器可以通过至少两种方式来收集客户端的缓存内容信息。首先，由于本书研究的是基于请求的信息广播服务系统，所以服务器广播出去的数据项必须是由客户端明确请求的数据项。客户端对编码数据包成功解码获取自己需要的数据项后，必定会将其暂存于自己的缓存中。通过收集客户端发出的每个请求以及提交该请求的客户端信息，服务器就可以初步构造出客户端缓存内容的部分视图。其次，服务器可以要求客户端上传其缓存更新信息，记录缓存中数据项的变化情况。融合网络编码的信息广播系统的优化目标与传统信息广播系统的优化目标相同，即充分利用有限的广播带宽资源和最小化请求的平均响应时间[1~3]。

①　Aksoy D，Franklin M. RXW：A scheduling approach for large-scale on-demand data broadcast. IEEE/ACM Transactions on Networking(TON)，1999，7(6)：846-860.

②　Liu K，Lee V. Mulation studies on scheduling requests for multiple data items in on-demand broadcast environments. Performance Evaluation，2009，66(7)：368-379.

③　Wang J，Jea K. A near-optimal database allocation for reducing the average waiting time in the grid computing environment. Information Sciences，2009，179(21)：3772-3790.

综上所述，融合网络编码的移动环境信息广播服务框架，需明确数据项的编码及解码过程。移动客户端发送请求直至获取数据的整个过程归纳如下：

(1)移动客户端发出数据请求并转入监听模式；

(2)服务器接收请求并根据相应规则将其插入用户请求队列中；

(3)广播调度程序根据用户请求队列的数据信息，采用相应的调度算法选择出需要广播的数据项；

(4)根据各个客户端的请求信息以及缓存信息，采用相应的编码策略生成需要编码的数据项集合；

(5)使用异或操作对选取的数据项进行编码；

(6)通过无线技术对编码包进行广播，规定广播一个数据项所耗费的时间为一个时间单元；

(7)移动客户端从下行信道接收广播的编码包，并利用自身存储的数据项信息对编码包进行解码，获取自己需要的数据项。

第三节　信息广播服务系统编解码问题的理论分析

一、编码能力问题的理论分析

本节从理论上分析信息广播服务系统编码的可能性，探讨在请求广播环境中运用网络编码的潜力。本节提出编码能力的概念，并将其定义为预期能够成功解码已编码数据包的客户端的数量，并认为能够成功解码编码数据包的客户端数量越多，系统编码能力越强。理论分析使用的所有符号及其说明汇总如表 6.1 所示。

表 6.1　符号说明

符号	含义
d_j	数据库中的第 j 个数据项
c_i	客户端 i
p_{ij}^r	客户端 c_i 请求数据项 d_j 的概率
p_{ij}^s	客户端 c_i 缓存 d_j 的概率
p_{ij}^n	客户端 c_i 既未缓存也未请求数据项 d_j 的概率
sl	每个客户端缓存中可以储存的最大数据项数量

符号	含义
N	数据库中数据项的数量
n	客户端数量
$M(j_1, j_2)$	可以解码编码数据包 $d_{j_1} \oplus d_{j_2}$ 的客户端预期数量

为了简化分析流程，首先对客户端请求和存储数据项的概率进行分析。在构建的系统理论模型中，假定一个客户端无法在其缓存中找到需要的数据项，会向服务器发送对该数据项的请求。因此，对任意一个客户端 c_i，与其相关的访问概率分为以下三种情况：

（1）c_i 请求 d_j，则对数据项 d_j 的请求概率为 p_{ij}^r；

（2）c_i 的缓存中存储 d_j（并因此不会请求 d_j），则对数据项 d_j 存储的概率为 p_{ij}^s；

（3）c_i 的缓存中没有 d_j 且当前也没有请求 d_j，则对数据项 d_j 存储的概率为 p_{ij}^n。易知 $p_{ij}^r + p_{ij}^s + p_{ij}^n = 1$。

假定客户端存储的数据文件遵循其相应的数据访问模式，因为在请求广播环境中，客户端缓存的所有数据项都是由服务器广播且基于客户端发送请求的访问模式，所以有以下引理。

引理 6.1　c_i 的缓存中含有 d_j 的概率 p_{ij}^s 满足：

$$p_{ij}^s = (1 - p_{ij}^r)\left[1 - (1 - p_{ij}^r)^{\mathrm{sl}}\right]$$

其中，sl 为缓存空间规模，p_{ij}^r 为 c_i 请求 d_j 的概率。

证明　使 $S = \{c_i \text{存储} d_j\}$，$C = \{c_i \text{请求} d_j\}$，$\overline{C} = \{c_i \text{不请求} d_j\}$。因此，三种概率间的关系可表示为

$$p_{ij}^s = P(S) = P(S|C)P(C) + P(S|\overline{C})P(\overline{C}) \tag{6.1}$$

因为若 c_i 请求 d_j，而它的缓存中不包含 d_j，这意味着 $P(S|C) = 0$，因此式（6.1）可以表示为

$$p_{ij}^s = P(S) = P(S|\overline{C})P(\overline{C}) = P(S|\overline{C})(1 - p_{ij}^r) \tag{6.2}$$

接下来计算 $P(c_i \text{存储} d_j | c_i \text{不请求} d_j)$，即 $P(S|\overline{C})$。由于存储数据文件遵循数据访问模式，所以在给出缓存空间规模 sl 后，对于任意一个存储在缓存中的数据项 d_j，它可能被访问的概率为 p_{ij}^r。因此，c_i 不请求 d_j 的情况下，且其缓存中不包含 d_j 的概率为 $(1 - p_{ij}^r)^{\mathrm{sl}}$，因此 $P(S|\overline{C}) = 1 - (1 - p_{ij}^r)^{\mathrm{sl}}$，从而有

$$p_{ij}^s = (1-p_{ij}^r)[1-(1-p_{ij}^r)^{\text{sl}}]$$

$$c_i d_j p_{ij}^r p_{ij}^s p_{ij}^n \text{sl} S = \{c_i \text{stores} d_j\} C \bar{C} p_{ij}^s = P(S)$$

$$= P(S|\bar{C})P(\bar{C}) = P(S|\bar{C})(1-p_{ij}^r)p_{ij}^s = (1-p_{ij}^r)[1-(1-p_{ij}^r)^{\text{sl}}]P(S|\bar{C})$$

$$= 1-(1-p_{ij}^r)^{\text{sl}} d_{j_1} \oplus d_{j_2} M(j_1,j_2) n N$$

假设 d_{j_1} 和 d_{j_2} 分别为两个可能被请求的任意数据项。对于客户端 c_i,如果它请求 $d_{j_1}(d_{j_2})$,且其缓存中包含 $d_{j_2}(d_{j_1})$,则 c_i 被认为有助于增加系统的整体编码能力,在这种情况下,若服务器广播编码数据包为 $d_{j_1} \oplus d_{j_2}$[①],则客户端 c_i 可以从编码数据包中解码 $d_{j_1}(d_{j_2})$,因为它已拥有 $d_{j_2}(d_{j_1})$,所以可以发现,如果大多数客户端都能助力系统整体编码能力,那么服务器更可能广播编码数据包 $d_{j_1} \oplus d_{j_2}$ 而不是分别广播数据项 d_{j_1} 和 d_{j_2}。用 $M(j_1,j_2)$ 表示有助于提升编码能力的客户端预期数量。$M(j_1,j_2)$ 表示可以成功对编码数据包 $d_{j_1} \oplus d_{j_2}$ 进行解码的客户端总数,若它的值很大,则服务器会广播编码数据包 $d_{j_1} \oplus d_{j_2}$,广播该编码数据包,大量客户端可以成功对编码数据包进行解码,并获得请求的数据项;相反,若其值很小,则服务器不使用编码技术,而是分别广播 d_{j_1} 和 d_{j_2}。因此,$M(j_1,j_2)$ 间接反映出信息广播系统使用网络编码的有效性。

定理 6.1 假定在整个信息广播系统中有 n 个客户端和 N 个数据项。对任意两个请求数据项 d_{j_1} 和 d_{j_2},能够对编码数据包 $d_{j_1} \oplus d_{j_2}$ 进行解码的客户端预期数量为 $M(j_1,j_2)$,满足下列等式:

$$M(j_1,j_2) = \sum_{i=1}^{n}(p_{ij_1}^r p_{ij_2}^s + p_{ij_1}^s p_{ij_2}^r)$$

证明 客户端 c_i 提升系统整体编码能力的方法有两种:

(1) c_i 请求 d_{j_1} 同时存储 d_{j_2};

(2) c_i 请求 d_{j_2} 同时存储 d_{j_1}。

发生情况(1)的概率为 $p_{ij_1}^r p_{ij_2}^s$,发生情况(2)的概率为 $p_{ij_1}^s p_{ij_2}^r$。因此,c_i 提升编码能力的概率为 $p_{ij_1}^r p_{ij_2}^s + p_{ij_1}^s p_{ij_2}^r$。当考虑所有客户端时,则是将这个概率累加,从而得到预期数量 $M(j_1,j_2)$。因此有

$$M(j_1,j_2) = \sum_{i=1}^{n}(p_{ij_1}^r p_{ij_2}^s + p_{ij_1}^s p_{ij_2}^r)$$

为了便于比较,$E(j)$ 用来表示没有使用网络编码技术而成功接收请求数据项

---

① 数据项进行 XOR(异或)运算。

d_j 的所有客户端的数目，有 $E(j) = \sum_{i=1}^{n} p_{ij}^r$。为了定量分析系统整体编码能力，使用
Zipf 分布来计算 $M(j_1, j_2)$、$E(j_1)$、$E(j_2)$ 的值，Zipf 分布是一种广泛用于模拟理
论上移动客户端数据访问模式的分布[①~③]。

　　在 Zipf 分布中，第 i 个数据项的访问概率为 $1/i^\theta / \sum_{i=0}^{N} 1/i^\theta$，即 $p_{ij}^r = 1/j^\theta / \sum_{j=1}^{N} 1/j^\theta$，
其中 $1 \le i \le n, 1 \le j \le N$。令 $N = 1000$，$n = 300$，假设 d_{j_1} 和 d_{j_2} 为两个最常被求
的数据项，根据 Zipf 分布，它们在数据库中分别对应 d_1 和 d_2。

　　图 6.2 表示当缓存空间规模为 60 个数据项时，不同数据访问模式下成功接收
广播数据的客户端数量。$M(j_1, j_2)$ 值可按照引理 6.1 和定理 6.1 计算得出，同时
$E(j_1)$ 值和 $E(j_2)$ 值可以按照定义计算得出。在图 6.2 中，使用 M、E_1、E_2 来替
代 $M(j_1, j_2)$、$E(j_1)$、$E(j_2)$。在 Zipf 分布中，数据访问模式会随着 θ 值的增加而
变得偏斜。当 $\theta = 0$ 时，数据访问模式遵循均匀分布，此时数据库所有数据项拥有
相同的访问概率。当 θ 值增加时，数据项的访问概率也发生偏斜，d_1 和 d_2 是数据
库中访问概率最高的两个数据项。可以发现，当 θ 值增加时，M 值高于 E_1 和 E_2。
这表明当数据访问模式倾斜时，通过网络编码相较于没有编码操作，可以让更多
的客户端接收其请求的数据项。

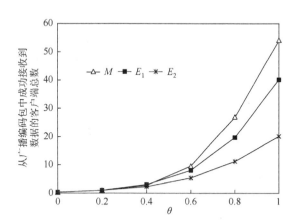

图 6.2　不同数据访问模式下成功接收广播数据的客户端数量

　　① Aksoy D，Franklin M. RXW: A scheduling approach for large-scale on-demand data broadcast. IEEE/ACM
Transactions on Networking（TON），1999，7（6）：846-860.

　　② Hu C. Fair scheduling for on-demand time-critical data broadcast. Proceedings of IEEE International Conference
on Communications，2007：5831-5836.

　　③ Xu J，Tang X，Lee W C. Time-critical on-demand data broadcast：Algorithms，analysis，and performance
evaluation. IEEE Transactions on Parallel and Distributed Systems，2006，17（1）：3-14.

以上分析显示，网络编码技术可以有效作用于信息广播环境。如果一种编码策略能充分利用客户端请求和缓存信息使编码能力最大化，那么它既可以极大地节省网络带宽，还能对信息广播系统的服务优化作出显著贡献。

二、基于信息广播的 CR-图构建

本节将定义和构建 CR-图 G，它最早由 Chaudhry 等[1][2]提出。CR-图用来表示客户端与各自请求数据项之间的关系，可以用于辅助服务器做出编码决策，让每个广播单元的编码数据包服务尽可能多的客户端，并消除冗余编码。构建 CR-图 G 需要利用客户端请求和缓存数据项信息。正如前面所述，当一个客户端应用无法在自己的缓存中找到自己需要的数据项时，它会向服务器提交对该数据项的请求，因而假定服务器能够获取客户端的缓存信息。在构建 CR-图 G 之前，先给出如下定义。

假定数据库 D 包含 N 个数据项，其中 $D = \{d_1, d_2, \cdots, d_N\}$。$C = \{c_1, c_2, \cdots, c_n\}$ 表示信息广播系统中移动客户端 ID 的集合。

定义 6.1 令 $S_i = \{d_{\alpha^i(1)}, d_{\alpha^i(2)}, \cdots, d_{\alpha^i(|S_i|)}\}$ 表示客户端 c_i 的缓存数据项集合，该集合表示服务器广播的历史编码数据包中解码出来的数据项，它是服务器数据库的子集，其中 $|S_i|$ 表示客户端 c_i 存储的数据项总数量，且有 $1 \leqslant |S_i| \leqslant N$，各参数需满足 $1 \leqslant \alpha^i(\varepsilon) \leqslant N$ 和 $1 \leqslant \varepsilon \leqslant |S_i|$。

在 CR-图 $G(V, E)$ 中，每个顶点代表客户端所请求的数据项。若客户端 c_i 向服务器请求数据项 d_j，则存在一个相应的顶点 $v_{ij} \in V(G)$，其中 $1 \leqslant i \leqslant n$，$1 \leqslant j \leqslant N$。对任意两个不同的顶点 $v_{i_1 j_1}, v_{i_2 j_2} \in V(G)$，若满足以下条件中的任何一项，则存在无向边 $(v_{i_1 j_1}, v_{i_2 j_2}) \in E(G)$：

(1) 如果 $j_1 = j_2$，即客户端 c_{i_1} 和客户端 c_{i_2} 请求相同的数据项，则顶点 $v_{i_1 j_1}$ 和 $v_{i_2 j_2}$ 间存在连边；

(2) 如果 $j_1 \neq j_2$，$d_{j_2} \in S_{i_1}$，$d_{j_1} \in S_{i_2}$，即如果客户端 c_{i_1} 的缓存内保存着客户端 c_{i_2} 请求的数据项或者是相反的情况，那么顶点 $v_{i_1 j_1}$ 和 $v_{i_2 j_2}$ 间存在连边。

下面观察一种信息广播的情况，如图 6.3 所示。图中包括一个服务器 S 和八个移动客户端 $c_1, c_2, \cdots, c_8$。每个客户端在自己的本地缓存中存储了一些数据项，并通过向服务器发出请求来请求自己需要且没有保存的数据项。图 6.4 表示依据

① Chaudhry M，Sprintson A. Efficient algorithms for index coding. Proceedings of the INFOCOM Workshops，2008：1-4.

② Rouayheb S Y E，Chaudhry M A R，Sprintson A. On the minimum number of transmissions in single-hop wireless coding networks. Proceedings of the Information Theory Workshop，2007：120-125.

图 6.3 的客户端请求和缓存信息构建的 CR-图。由图 6.3 可知，c_1 和 c_4 同时请求了数据项 d_1，根据 CR-图构建的第一条规则，顶点 v_{11} 和 v_{41} 之间存在连边 (v_{11}, v_{41})，因为 c_1 拥有 d_3，而请求 d_1，同时 c_2 拥有 d_1，而请求 d_3；根据 CR-图构建的第二条规则，顶点 v_{11} 和 v_{23} 之间存在连边 (v_{11}, v_{23})，因为 c_1 拥有 d_3，而 d_3 被 c_2 请求，同时 c_2 拥有 d_1，而 d_1 被 c_1 请求。

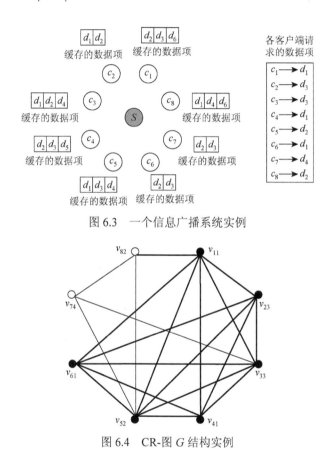

图 6.3　一个信息广播系统实例

图 6.4　CR-图 G 结构实例

三、基于图论的编码方式

根据 CR-图 G 的构建，可以根据索引编码的相关内容[1]推断出以下引理。

引理 6.2　对 $e = (v_{i_1 j_1}, v_{i_2 j_2}) \in E(G)$：①当 $j_1 = j_2$ 时，若服务器单独广播未编码数据项 d_{j_1}，则客户端 c_{i_1} 和客户端 c_{i_2} 都可以同时获取数据项 d_{j_1}；②当 $j_1 \neq j_2$ 时，

① Chaudhry M，Sprintson A. Efficient algorithms for index coding. Proceedings of the INFOCOM Workshops，2008：1-4.

若服务器广播编码数据包 $d_{j_1} \oplus d_{j_2}$，则客户端 c_{i_1} 可以从编码包中获取 d_{j_1}，客户端 c_{i_2} 可以从编码包中获取 d_{j_2}。

证明　根据信息广播机制，一次广播的数据项可以服务所有请求该数据项的客户端。因此，①的情况是显而易见的。在 $j_1 \neq j_2$ 的情况下，根据图 G 的结构，$e = (v_{i_1 j_1}, v_{i_2 j_2}) \in E(G)$ 表示客户端 c_{i_1} 的缓存包含 d_{j_2}，而客户端 c_{i_2} 的缓存包含 d_{j_1}。因此，若服务器广播 $d_{j_1} \oplus d_{j_2}$，则客户端 c_{i_1} 可以通过计算 $d_{j_2} \oplus d_{j_1} \oplus d_{j_2}$ 的值获取其请求的数据项 d_{j_1}，客户端 c_{i_2} 可以通过计算 $d_{j_1} \oplus d_{j_1} \oplus d_{j_2}$ 的值获取其请求的数据项 d_{j_2}，因此②得证。

记 $\delta = \{v_{i_1 j_1}, v_{i_2 j_2}, \cdots, v_{i_k j_k}\}$ 为图 G 的任意团，其中 $\delta \subseteq V(G)$，$|\delta| = k$。团指的是顶点的集合，该集合中的任意两个顶点都必须是相连的。记 $C_\delta = \{c_i \mid v_{ij} \in \delta\}$ 为由 δ 覆盖的客户端集合，其中 $C_\delta \subseteq C$。记 $D_\delta = \{d_{\delta(j)} \mid v_{ij} \in \delta\}$ 为 δ 中的请求数据项的集合，因此 $D_\delta = \{d_{\delta(1)}, d_{\delta(2)}, \cdots, d_{\delta(|D_\delta|)}\}$，其中 $1 \leqslant |D_\delta| \leqslant k$。

引理 6.3　通过广播编码数据包 $\gamma = d_{\delta(1)} \oplus d_{\delta(2)} \oplus \cdots \oplus d_{\delta(|D_\delta|)}$，对任意 $c_i \in C_\delta$，若其对应顶点 $v_{ij} \in \delta$，则其可以从广播编码数据包 γ 中获取其请求的数据项 d_j。

证明　因为 δ 是一个团，δ 中的每个顶点都必须有一条边与团内其他顶点相连。此外，每个顶点代表一个独立的客户端。因此，根据图 G 关于连边的定义，每个客户端 $c_i \in C_\delta$ 应该在其缓存中保存了 D_δ 中除了自己请求的数据项外其他所有的数据项。因此，根据引理 6.2，客户端 c_i 能够通过解码接收的编码数据包 γ 获取其请求数据项 d_j。

引理 6.3 表明一个编码数据包可以服务一个团 $\delta \subseteq V(G)$ 中的所有客户端，且服务的客户端的数量与团内顶点数量相等。该方法最主要的部分是在 CR-图中选取最大团的过程。对于单数据项请求环境，团中的每一个顶点对应于一个客户端，求解最大团的过程就是寻找能服务最多客户端的编码组合过程。因此，根据引理 6.2 和引理 6.3，在信息广播系统中，通过广播编码数据包来最大化成功获得服务的客户端数量的复杂问题可以转化为在 CR-图中寻找最大团的问题。

图 6.5 是图 6.4 的 CR-图 G 中的一个最大团实例，称该最大团为 δ_{max}，$\delta_{max} = \{v_{11}, v_{23}, v_{33}, v_{41}, v_{52}, v_{61}\}$。与图 6.4 相比，$\delta_{max} \subseteq V$，其中 V 是 CR-图 G 的顶点集合，$C_{\delta_{max}} = \{c_1, c_2, c_3, c_4, c_5, c_6\}$，$D_{\delta_{max}} = \{d_1, d_2, d_3\}$。该最大团覆盖了六个客户端，且将 $d_1 \sim d_3$ 编码在同一个数据包中也能保证 $c_1 \sim c_6$ 都能成功解码出自己需要的数据项。因此，服务器不会消耗三个广播单元带宽分别广播 $d_1 \sim d_3$，而是在一个广播单元里广播这三个数据项编码而成的广播编码数据包 $\gamma = d_1 \oplus d_2 \oplus d_3$。所以，在每个广播单元选取合适的最大团就能保证每次服务最多的客户端，使信息广播系统的整

体平均请求响应时间显著降低。

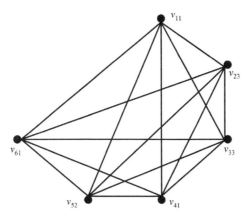

图6.5 CR-图 G 中某最大团的实例

第四节 信息服务系统数据缓存管理问题理论分析

一、证明 MARTCR 是 NP 难问题

在融合网络编码技术的信息广播系统中，服务器需要运用每个客户端中关于同时被缓存和请求的数据项的信息来产生编码数据包[1]~[5]。第三节已证明系统的编码能力与客户端缓存信息有极大关系，客户端中的缓存内容不但直接影响网络编码的效率，还影响整个信息广播系统的服务效率。由于客户端缓存空间较小，当缓存空间被占满时，需要对信息进行替换等相关管理，所以，客户端缓存信息的替换管理问题也对融合网络编码技术的信息广播系统的服务效率有重要影响。

对于融合网络编码技术的信息广播系统，评价缓存管理效率的主要指标依然

① Maddah-Ali M A，Niesen U. Decentralized coded caching attains order-optimal memory-rate tradeoff. IEEE，2005，23（4）：1029-1040.

② Birk Y，Kol T. Coding on demand by an informed source（ISCOD）for efficient broadcast of different supplemental data to caching clients. IEEE/ACM Transactions on Networking（TON），2006，14：2825-2830.

③ Ji M，Tulino M A，Llorca J，et al. On the average performance of caching and coded multicasting with random demands. Proceedings of the 11th International Symposium on Wireless Communications Systems，2014：922-926.

④ Chen J，Lee V，Zhan C. Efficient processing of real-time multi item requests with network coding in on-demand broadcast environments. Proceeding of the 15th IEEE International Conference on Embedded and Real-Time Computing Systems and Applications，2009：119-128.

⑤ Chen J，Lee V，Chan E. Network coding-aware cache replacement policy in on-demand broadcast environments. Proceedings of the 6th International ICST Conference on Communications and Networking in China（CHINACOM），2011：691-697.

遵循传统信息广播系统的性能评价指标，即请求平均响应时间。所以，该系统的最终目标是要最小化请求的平均响应时间。本节将融合网络编码技术的缓存管理问题定义为最小平均响应时间的缓存替换(minimum average response time cache replacement，MARTCR)问题。

　　为了阐述 MARTCR 问题，首先给出以下几个假设和定义。假设数据库 D 包含 N 个数据项，其中 $D = \{d_1, d_2, \cdots, d_N\}$。每个数据项具有相同大小并且需要一个时隙进行广播。令 $C = \{c_1, c_2, \cdots, c_n\}$ 是移动客户端 ID 的集合。对于每个客户端 c_i，它维护一个缓存，该缓存由 S_i 表示并发出查询 $Q_i (1 \leqslant i \leqslant n)$。$S_i$ 的定义见定义 6.1，Q_i 的定义如下。

　　定义 6.2　　$Q_i = \{d_j\}$ 为客户端 c_i 发送给服务器的查询请求，其申请查询的数据项为 d_j，其中 $1 \leqslant j \leqslant N$。

　　融合网络编码技术的缓存管理目标是设计一种有效运用编码信息的缓存管理策略，以期望在网络编码技术的辅助下可以缩短请求响应时间。首先响应时间的定义如下。

　　定义 6.3　　假设 n 个客户端 $C = \{c_1, c_2, \cdots, c_n\}$ 提出了 n 个查询请求 $Q = \{Q_1, Q_2, \cdots, Q_n\}$，而且这些请求都在时刻 $t = 0$ 时到达服务器，n 个请求的平均响应时间 R_{avr} 为

$$R_{avr} = \frac{\sum_{i=1}^{n} R_i}{n} \tag{6.3}$$

其中，R_i 为从 0 时刻开始直到客户端 c_i 收到所请求的数据项的时间。

　　通过以上定义，MARTCR 问题可以描述为：给定一个客户端集，其中每个客户端都有一个数据项等待被存入缓存，MARTCR 问题即要得出一个缓存替换策略，使平均响应时间最短。下面给出 MARTCR 问题的正式定义。

　　定义 6.4(MARTCR 问题)　　假设信息广播系统使用一个广播信道进行数据广播，它包含 N 个数据项 $D = \{d_1, d_2, \cdots, d_N\}$ 以及 n 个移动客户端 $C = \{c_1, c_2, \cdots, c_n\}$，每个客户端 c_i 的缓存用 $S_i (1 \leqslant i \leqslant n)$ 表示。$d_{c_i}^{ca} (d_{c_i}^{ca} \in D)$ 表示一个已被成功解码且即将被放入客户端 c_i 缓存的数据项，系统中还包含一个事先无法预知，且即将到达服务器的数据请求。MARTCR 问题就是找出一个缓存替换策略使 R_{avr} 的值最小。

　　在进行缓存替换决策时，服务器没有获得即将到达请求的相关信息，请求数据项信息的缺失导致很难从理论上评估缓存替换策略的有效性。因此，本节假设即将到来的请求的数据项是提前预知的。即使有这个前提条件，找出一个有效的缓存替换方案仍然是 NP 难问题。目前，作者正在研究 MARTCR 问题的线下版本，称为 $\overline{\text{MARTCR}}$。证明 $\overline{\text{MARTCR}}$ 为 NP 难问题可以间接证明原始 MARTCR 问题

也是 NP 难问题，因为 $\overline{\text{MARTCR}}$ 比 MARTCR 拥有更多可分析的信息。$\overline{\text{MARTCR}}$ 的定义如下。

定义 6.5　存在一个广播信道，一个数据项集合 $D=\{d_1,d_2,\cdots,d_N\}$，一个客户端集合 $C=\{c_1,c_2,\cdots,c_n\}$。每个客户端 c_i 拥有自己的缓存 $S_i(1\leqslant i\leqslant n)$，一个已被成功解码并即将被缓存的数据项 $d_{c_i}^{\text{ca}}(d_{c_i}^{\text{ca}}\in D)$，一个即将被请求的数据项 $d_{c_i}^{\text{up}}(d_{c_i}^{\text{up}}\in D)$。$\overline{\text{MARTCR}}$ 问题为：是否存在一个编码方案使得一系列编码数据包被广播时，R_{avr} 最小。

由于每个 $d_{c_i}^{\text{ca}}(1\leqslant i\leqslant n)$ 可以替换任意一个 $S_i(1\leqslant i\leqslant n)$ 中的数据项，将 $\{d_{c_i}^{\text{ca}}\}$ 加入 S_i 中来构成一个新的集合 $Pcache_i(1\leqslant i\leqslant n)$，其中 $Pcache_i=\{d_k\mid d_k\in S_i\bigcup\{d_{c_i}^{\text{ca}}\}\}$。基于 $Pcache_i(1\leqslant i\leqslant n)$ 和 $d_{c_i}^{\text{up}}(1\leqslant i\leqslant n)$，如果可以确定一个编码方案，使 R_{avr} 最小，那么也可以生成相应的缓存替换策略得到最小的 R_{avr}。这是因为一旦编码分组确定后，就可以确定哪些数据项可以用于编码，然后可以得到直接面向每个客户端的相应的缓存替换方案。通过将 $\{d_{c_i}^{\text{ca}}\}$ 加入 S_i，本书将研究一个比 $\overline{\text{MARTCR}}$ 问题拥有更多可分析信息的问题。方便起见，将该问题定义为 $\overline{\text{MARTCR}}^*$ 且给出定义如下。显然，$\overline{\text{MARTCR}}^*$ 为 NP 难问题也意味着 $\overline{\text{MARTCR}}$ 为 NP 难问题。

定义 6.6（$\overline{\text{MARTCR}}^*$ 问题）　存在一个广播信道，一个数据项集合 $D=\{d_1,d_2,\cdots,d_N\}$，一个客户端的集合 $C=\{c_1,c_2,\cdots,c_n\}$。对每个客户端 c_i，拥有一个缓存 $Pcache_i=\{d_k\mid d_k\in S_i\bigcup\{d_{c_i}^{\text{ca}}\}\}$，一个即将被请求的数据项 $d_{c_i}^{\text{up}}(d_{c_i}^{\text{up}}\in D)$。该问题为：在一系列编码数据包被广播时，是否存在一种编码方案使 R_{avr} 最小。

定理 6.2　$\overline{\text{MARTCR}}^*$ 问题是 NP 难的。

证明　由于 $\overline{\text{MARTCR}}^*$ 问题等同于索引编码问题[①]，后者被证明是 NP 难的，因此定理 6.2 得证。

通过以上分析，可以有以下定理。

定理 6.3　MARTCR 问题（或 $\overline{\text{MARTCR}}$ 问题）是 NP 难的。

二、解码概率分析

为了深入理解有效的缓存管理策略对信息服务系统的重要性，本节将构建一个概率模型来分析编码数据包的解码概率。本书分析在给定客户端缓存规模 $|S|$、

---

① Rouayheb S Y E，Sprintson A，Georghiades C. On the index coding problem and its relation to network coding and matroid problem. IEEE Transactions on Information Theory，2010，56(7)：3178-3195.

数据库规模 N 以及拥有确定数据访问模式的编码数据包 E 的前提下，一个客户端能成功从编码数据包 E 中成功解码出需要的数据项的概率。在服务器端，若一个数据项被任意的客户端请求，则它会被服务器调度并广播，最后该数据项被需要它的所有客户端放入自己的缓存。假设当客户端缓存空间用尽时，每个客户端中的缓存数据项将被随机替换。给出客户端的缓存规模 $|S|(|S| \leq N)$ 和来自服务器广播的 $M(|S| \leq M \leq N)$ 个不同的数据项，其中 N 为数据库中的数据项数量之和。因此，一个数据项被客户端缓存的概率为 $|S|/M$。在 M 个数据项都被服务器广播的情况下，d_i 已被广播的概率为 $1-[1-p_{\text{access}}(d_i)]^M$，其中 $p_{\text{access}}(d_i)$ 为 d_i 的数据访问概率。因此，当广播 M 个数据项时，d_i 已被缓存的概率 $p_{\text{access}}(d_i)$ 为

$$p_{\text{access}}(d_i) = \left\{1-[1-p_{\text{access}}(d_i)]^M\right\}\frac{|S|}{M} \tag{6.4}$$

给定一个编码数据包 $E = \{d_{\omega(1)}, d_{\omega(2)}, \cdots, d_{\omega(|E|)}\}$，其长度为 $|E|$，其中 $d_{\omega(i)} \in D$ 且 $1 \leq i \leq |E|$，要求 $|E|$ 个数据项中的 $|E|-1$ 个数据项都已存储在客户端的缓存中，其作用是帮助客户端从编码数据包中成功解码出剩余的数据项。$a_1^k, a_2^k, \cdots, a_{|E|-1}^k$ 表示从集合 $\{d_{\omega(1)}, d_{\omega(2)}, \cdots, d_{\omega(|E|)}\}$ 中选取的 $|E|-1$ 个数据项的第 k 种组合。存储 $a_1^k, a_2^k, \cdots, a_{|E|-1}^k$ 的概率为 $\prod\limits_{m=1}^{|E|-1} p_{\text{cache}}(a_m^k)$，且因此有对应第 k 种组合的数据项集都不在缓存中的概率为 $1-\prod\limits_{m=1}^{|E|-1} p_{\text{cache}}(a_m^k)$。对于一个编码数据包，随机选取 $|E|-1$ 个数据项共有 $C_{|E|}^{|E|-1} = |E|$ 种组合方式。而任何一种组合都没有被缓存的概率为 $\prod\limits_{k=1}^{|E|}\left(1-\prod\limits_{m=1}^{|E|-1} p_{\text{cache}}(a_m^k)\right)$。如果客户端的缓存中存储了以上所提的任何一种包含 $|E|-1$ 个数据项的组合方式，那么编码数据包 E 就能成功被解码，其解码的概率为

$$P(E) = 1-\prod_{k=1}^{|E|}\left[1-\prod_{m=1}^{|E|-1} p_{\text{cache}}(a_m^k)\right] \tag{6.5}$$

根据式 (6.4) 和式 (6.5)，得到以下定理。

定理 6.4　考虑每个客户端的缓存规模为 $|S|(|S| \leq N)$，有 $M(|S| \leq M \leq N)$ 个数据项被服务器广播，其中 N 为数据库中所有数据项数量。给出一个编码数据包 $E = \{d_{\omega(1)}, d_{\omega(2)}, \cdots, d_{\omega(|E|)}\}$，其中 $d_{\omega(i)} \in D$ 且 $1 \leq i \leq |E|$，则客户端成功解码 E 的概率为

$$P(E) = 1 - \prod_{k=1}^{|E|} \left\{ 1 - \prod_{m=1}^{|E|-1} \{1 - [1 - p_{\text{cache}}(a_m^k)]^M\} \cdot \frac{|S|}{M} \right\} \tag{6.6}$$

其中，$a_m^k \in E$ 且 $p_{\text{cache}}(a_m^k)$ 为 a_m^k 的数据访问概率。

本节通过一个实例更好地展示客户端缓存规模对解码概率的影响，从而可以进一步理解缓存替换策略对整个系统性能的影响。假定 $N = 100$，$M = 30$，$|E| = 3$ 且数据访问模式服从均匀分布，记 $p_{\text{access}}(d_i) = 1/N$，对所有 $d_i \in D$。基于定理 6.4，图 6.6 表示不同缓存空间规模下的客户端解码概率。考虑一种理想状态，所有被广播的数据项都存储在客户端的缓存内（如 $|S| = M = 30$），此时解码概率几乎是缓存空间减少到 1/3 时（如 $|S| = 10$）的 10 倍。从这个结果中可以得出以下两个结论：首先，客户端拥有较大的缓存空间有利于获得更高的解码概率；其次，在图 6.6 的实例中，编码数据包规模 $|E| = 3$，缓存规模 $|S|$ 在 10～30 变动，这表明成功的解码只需要保证有 2/3 的编码数据项被缓存在 S 中，且当 $|S| = 10$ 时这个条件会被进一步放松。可以发现，随机替换缓存中的数据项是导致较低解码概率的一大原因。因此，当客户端缓存规模有限时，必须对客户端缓存替换策略进行研究与精心设计，以增大编码数据包的解码机会，提升信息广播系统的整体性能。

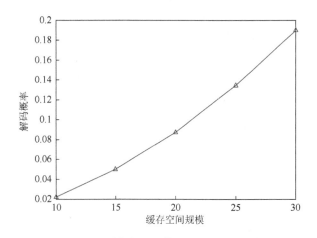

图 6.6　不同缓存空间规模下的客户端解码概率

第五节　信息服务系统的网络编码策略设计

在传统的信息广播系统中，当服务器广播一个数据项时，只有请求了该数据项的移动客户端才可以获得服务。然而，最近的研究表明，在信息广播系统中融入网络编码技术，通过广播编码数据包可以让请求不同数据项的客户端同时获得服务①②。本节将依据 6.3 节构建的 CR-图提出一种有效的网络编码策略，即自适应编码(adaptive coding，AC)策略让信息广播系统充分利用广播带宽，使广播的编码数据包能服务尽可能多的客户端。

1. 相关定义及描述

6.3 节指出在信息广播系统数据中,通过广播编码数据包来最大化成功获得服务的客户端数量的问题可以转化为在 CR-图中寻找最大团的问题。所以,网络编码的原则就是保证每一轮广播的编码数据包都能成功服务最多数量的客户端。换句话说,只要在 CR-图中找到最大团,并将最大团所包含的所有数据项组成编码数据包进行广播,就能服务最多数量的客户端。本节图 G 表示依据 6.3 节 CR-图的定义,由信息服务广播系统根据请求数据项与客户端的缓存信息而构建完整的CR-图。构建完整 CR-图的时间复杂度是 $O(n^2 - n)$,不难看出,CR-图的时间复杂度是多项式,其构建开销将随着顶点的增加而逐步增大。另外,在给定图中求解最大团被证明是 NP 难问题③④,当 CR-图中顶点较多时,求解图中的最大团代价非常高。根据 CR-图的构造规则,图 G 中的每个顶点代表被一个客户端请求的数据项。因此,在实际信息广播服务系统中,当客户端的规模较大时,构建 CR-图和在图中寻找最大团是不现实的,因为时间开销太大,延迟较长。为了减小 CR-图的构建代价,降低最大团的搜索空间,本节提出自适应编码(AC)策略。AC 在给定一个候选顶点的前提下构建图 G',图 G'是图 G 的子图。图 G'的规模要远小于图 G,有效减小了计算最大团所需要的搜索空间。关于图 G'的定义如下。

定义 6.7　令 $G'(V',E')$ 表示图 G 的一个子图,图 G' 中所有顶点间的连边遵循图 G 的构建规则。图 G' 的构建条件如下:

(1)候选顶点应该包含在图 G' 中;

(2)与候选顶点有连边的顶点应该包含在图 G' 中。

为了生成广播编码数据包,必须在图 G' 中找到覆盖候选顶点的最大团。关于最大团的定义如下。

① Chen J，Lee V，Zhan C. Efficient processing of real-time multi item requests with network coding in on-demand broadcast environments. Proceedings of the 15th IEEE International Conference on Embedded and Real-Time Computing Systems and Applications，2009：119-128.

② Zhan C，Lee V C，Wang J，et al. Coding-based data broadcast scheduling in on-demand broadcast. IEEE Transactions on Wireless Communications，2011，10(11)：3774-3783.

③ Wu Q H，Hao J K. A review on algorithms for maximum clique problems. European Journal of Operational Research，2015，242(3)：693-709.

④ Bomze I M，Budinich M，Pardalos P M，et al. The maximum clique problem. Handbook of Combinatorial Optimization(Supplement Volume A)，1999，4：1-74.

定义　6.8　令 $\delta_{\max}^{v_{ij}} = \{v_{i_1 j_1}, v_{i_2 j_2}, \cdots, v_{i_k j_k}\}$ 为覆盖候选顶点 v_{ij} 的最大团，其中 $v_{ij} \in \delta_{\max}^{v_{ij}}$。$\left| \delta_{\max}^{v_{ij}} \right|$ 描述了最大团规模，其规模为 k。正如引理 6.3 所述，$\left| \delta_{\max}^{v_{ij}} \right|$ 表示广播由最大团生成的编码数据包后，能成功获得服务的客户端数量。

因为在图中搜寻最大团是一个 NP 难问题，理论上提出很多近似算法来有效搜寻近似最大团[1~4]。AC 采用了 Dharwadker 提出的方法找出图中的最大团，算法拥有多项式的时间复杂度。

2. AC 算法描述及实例分析

1) AC 算法伪代码
AC 算法伪代码如下。

AC 算法伪代码

输入：$V(G)$ 和候选顶点 v_{mk}

输出：候选顶点 v_{mk} 的最大团

---
1. 第一步：根据 $V(G)$ 和候选顶点 v_{mk} 构建无向图 $G'(V', E')$
2. 　//使用候选顶点 v_{mk} 对 $V'(G')$ 进行初始化
3. 　　　$V'(G') \leftarrow V'(G') + v_{mk}$
4. 　　**for** each　$v_{ij} \in V(G)$　**do**
5. 　　　　**if**　$j = k$　**then**
6. 　　　　　$V'(G') \leftarrow V'(G') + v_{ij}$
7. 　　　　　$E'(G') \leftarrow E'(G') + e(v_{mk}, v_{ij})$
8. 　　　　**end if**
9. 　　　　**if**　$d_k \in S_l$,　$d_j \in S_m$　**then**
10. 　　　　　$V'(G') \leftarrow V'(G') + v_{ij}$
11. 　　　　　$E'(G') \leftarrow E'(G') + e(v_{mk}, v_{ij})$
12. 　　　　**end if**
13. 　　**end for**
14. 第二步：在图 G' 中找到满足 $v_{mk} \in \delta_{\max}$ 的最大团 $\delta_{\max}$ 并将结果返回

AC 编码策略有很多优点。首先，AC 编码策略将编码问题转化为在图中寻找最大团的问题。AC 灵活性较高，在每个广播单元可以对包含在最大团中的任意

---
① Dharwadker A. The Clique Algorithm. http://www.dharwadker.org/clique[2006-10-11].

② Gavril F. Algorithms for a maximum clique and a maximum independent set of a circle graph. Networks，2006，3(3)：261-273.

③ Östergård P. A fast algorithm for the maximum clique problem. Discrete Applied Mathematics，2002，120(1-3)：197-207.

④ Wu Q H，Hao J K. A review on algorithms for maximum clique problems. European Journal of Operational Research，2015，242(3)：693-709.

数据项进行编码。然后，AC 是动态算法，服务器在每轮广播之前都需要根据最新的 CR-图搜寻新的最大团，因此每个广播单元传送的编码数据包可能都不相同，应该将哪些数据放到一起编码完全依赖于当时的系统信息。例如，如果客户端拥有更大的缓存空间，那么 AC 就倾向于在 CR-图中找到规模更大的最大团。最后，在给定候选顶点的前提下，AC 可以构建一个覆盖候选顶点的子图而不需要建立完整的 CR-图。根据 CR-图的定义，构建完整 CR-图的时间复杂度是 $O(n^2 - n)$，而构建子图的时间复杂度则为 $O(n-1)$，其中，n 表示已向服务器发送请求的客户端数量。因此，AC 能有效减少搜索规模，降低计算损耗，使其易于实施。

2) 实例分析

本节所使用的实例与图 6.3 关于信息广播服务系统请求与缓存信息的描述相同。假设在某个时刻 t，系统的候选顶点为 v_{11}，按照 AC 的执行顺序，根据顶点 v_{11} 构建子图 G'，如图 6.7 所示。可以发现，图 G' 与图 6.3 所示的完整的 CR-图 G 相比，顶点数减少了一个，顶点 v_{74} 不包含在图 G' 中。接下来在图 G' 中寻找包含顶点 v_{11} 的最大团。找到的最大团中顶点与连边使用黑色加粗线加以标注，如图 6.7 所示。该最大团中包含六个顶点，各个顶点间都存在连边。从信息服务的角度来理解该最大团，最大团顶点的个数决定了一次广播能服务的客户端数目，顶点的下标显示了能成功获得服务的客户端 ID 以及用于编码的数据项 ID。当服务器广播编码数据包 $d_1 \oplus d_2 \oplus d_3$，客户端 $c_1 \sim c_6$ 能同时成功解码该编码数据包并获得自己需要的数据项。

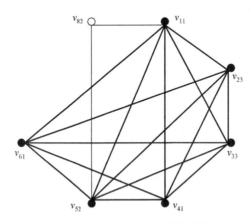

图 6.7　以候选顶点 v_{11} 构建的子图 G'

第七章　基于网络编码技术的信息广播调度方案

第一节　研　究　动　机

　　传统的数据广播系统认为当一个数据项被广播后，只有请求了该数据项的移动客户端可以成功获得服务。然而，最近相关研究表明，使用网络编码技术，请求不同数据项的客户端也能同时获得服务。众所周知，数据调度算法可以优化信息广播效率。特别是针对多数据项请求环境，优秀的数据调度算法可以有效避免请求出现饥饿问题。然而，目前并没有较为有效的方法将数据调度算法与网络编码技术有机融合。下面分别针对单数据项请求环境和多数据项请求环境提出三种整合网络编码技术和数据调度算法的方法。在单数据项请求环境下，ADC-1 将调度和编码作为两个阶段分开考虑，而 ADC-2 将编码策略融合到数据调度中。在多数据项环境下，ADC 尝试对实时多数据项广播实施编码操作，不仅要避免请求出现饥饿问题，还要进一步提高信息广播服务的性能。此外，计算代价一直是制约算法实现产业化的根本问题，本章还引入若干降低算法计算复杂度的方法从而更适应实际的系统。

第二节　面向单数据项编码广播调度算法

一、ADC-1 算法相关定义与描述

　　本节针对单数据项请求环境提出面向请求的可适应性编码(adaptive demand-oriented coding-1，ADC-1)算法。该算法的执行分为两个阶段，分别是数据调度阶段和数据编码阶段。ADC-1 算法首先执行数据调度阶段，RXW 算法[1]用来寻找所有被请求的数据项中具有最高优先级的数据项。在单数据项请求环境下，RXW 算法是理论上具有最佳性能的广播调度算法之一，数据项的优先级由该数据项的广播产出和等待时间的乘积计算得来，具有最高优先级的数据项作为编码阶段的候选数据项。在编码阶段，使用第六章提出的编码策略 AC 生成 CR-图以及求解覆盖候选数据项的最大团。最后，ADC-1 算法将所有包含在最大团中的数据项实施

---

　　[1] Aksoy D，Franklin M. RXW：A scheduling approach for large-scale on-demand data broadcast. IEEE/ACM Transactions on Networking(TON)，1999，7(6)：846-860.

异或操作生成相应的编码数据包。ADC-1 算法不仅能将 FCFS 和 MRF 算法的优势结合起来获得更好的表现，而且能利用第六章设计的编码策略 AC 来进一步提升信息广播服务的性能。

与传统数据广播调度算法一样，ADC-1 算法在服务器端实施。ADC-1 算法的伪代码展示如下，伪代码中运用的基本符号如表 7.1 所示。

表 7.1　符号说明

符号	含义
N_{d_k}	数据项的请求频率
W_{d_k}	最早请求已在服务队列中等待的时间
P_{d_k}	数据项 d_k 的优先级
$V(G)$	CR-图中顶点的集合
v_{ik}	请求 $Q_i = \{d_k\}$ 在 CR-图中对应的顶点标识
$\delta_{\max}$	最大团
$D_{\delta_{\max}}$	编码数据包内被编码数据项的个数
γ	被编码的数据包

ADC-1 算法伪代码如下。

ADC-1 算法伪代码

1. 接收到一个新请求 Q_i，Q_i 请求访问数据项 d_k
2. //更新数据项 d_k 的访问频次
3. $N_{d_k} \leftarrow N_{d_k} + 1$
4. //将数据项 d_k 对应的顶点插入 CR-图 G 中
5. $V(G) \leftarrow V(G) + v_{ik}$
6. 生成编码数据包
7. //数据调度阶段（使用 RXW 算法）
8. max Priority $\leftarrow 0$
9. **for** 在服务队里中的每个被请求数据项 d_k **then**
10.   　　$P_{d_k} \leftarrow N_{d_k} \times W_{d_k}$
11.   　　**if** $P_{d_k} >$ max Priority **then**
12.   　　　　max Priority $\leftarrow P_{d_k}$
13.   　　　　Selected data item $\leftarrow d_k$
14.   　　**end if**
15. **end for**
16. //编码阶段（使用 AC）
17. 数据调度阶段完成后选出的数据项若拥有最长等待时间，将它作为 CR-图中的候选顶点 v_{mk}
18. //为候选顶点 v_{mk} 生成编码数据包 γ
19. 调用编码策略 AC 找出候选顶点 v_{mk} 的最大团 $\delta_{\max}$

20. 计算 $\delta_{\max}$ 的 $D_{\delta_{\max}}$

21. $\gamma = d_{\delta_{\max}(1)} \oplus d_{\delta_{\max}(2)} \oplus \cdots \oplus d_{\delta_{\max}(|D_{\delta_{\max}}|)}$，其中 $d_{\delta_{\max}(i)} \in D_{\delta_{\max}}$

22. 广播编码数据包 γ

23. 编码数据包 γ 被广播后

24. //根据最大团 $\delta_{\max}$ 更新相关数据项的访问频次以及 CR-图

25. **for** 每个 $v_{ij} \in \delta_{\max}$ **then**

26. 　　　$N_{d_j} \leftarrow N_{d_j} - 1$

27. 　　　$V(G) \leftarrow V(G) - v_{ij}$

28. **end for**

在数据调度阶段，ADC-1 算法需要查找所有的请求数据项以识别候选数据项用来编码，其查找过程的时间复杂度是 $O(M)$，其中 M 为系统中请求数据项的数量。在编码阶段，ADC-1 算法仅根据候选数据项来构造部分 CR-图，并搜寻其最大团。因为编码策略 AC 的时间复杂度是多项式时间，所以，ADC-1 算法的整体时间复杂度为多项式时间。

二、ADC-2 算法相关定义与描述

ADC-1 算法同时考虑数据调度过程和编码过程，但是由于这两个过程分开实施，所以并没有使网络编码技术与数据广播调度实现真正意义上的融合。目前在 ADC-1 算法中，数据调度的结果作为编码阶段的输入。每个阶段都各自独立进行着最优化的表现。例如，数据调度阶段不会考虑将多数据项编码到一起带来的收益，同时编码阶段也会忽视数据调度，在其决策过程中考虑数据项的最长等待时间。另外，ADC-1 算法只为候选顶点找出最大团，而该候选顶点则通过数据调度阶段使用的 RXW 算法选出。因为每次只针对一个顶点寻找最大团，这将导致搜寻到的最大团不一定是整个 CR-图的最大团，所以 ADC-1 算法无法完全挖掘网络编码的效能。本节提出另外一种改进后的编码辅助广播调度算法 ADC-2。ADC-2 算法的核心思想是在遵循原有数据调度规则的前提下，对编码数据进行调度，充分发挥网络编码的效能，使之达到最大。一方面，为了得到最大化网络编码效能，ADC-2 算法会在完整 CR-图中找出拥有最大规模的最大团的顶点，该算法还考虑数据项的广播产出，这是 RXW 算法的调度准则之一；另一方面，在 ADC-2 算法中每个顶点都被赋予了权重，用以表示相应请求的等待时间，这也是 RXW 算法中的另一项调度准则。

定义 7.1　令 $\mathrm{WT}_{v_{ij}}$ 为顶点 v_{ij} 的权重。它表示一个想访问数据项 d_j 的请求 Q_i 从客户端发出到达服务器后，在服务器等待接受服务的时间间隔。它反映了请求数据项的紧急程度。

数据调度的相关观点认为，广播产出和请求紧急程度是服务器作出合理调度决策时需要考虑的两大重要因素[①~③]。在调度算法中，仅考虑这两方面中的任何一点都不够。在本书提出的编码辅助算法中，$|\delta_{\max}^{v_{ij}}|$ 表示能够通过解码广播编码数据包而成功获得服务的客户端数量，所以广播产出由 $|\delta_{\max}^{v_{ij}}|$ 决定。为了最小化请求的响应时间，有如下发现。

(1)给定两个具有相同权重值的顶点，应选择拥有最大规模最大团的顶点进行编码数据包的设计，服务更多的客户端。

(2)给定两个有相同规模的最大团中的所有顶点，应选择权重更大的顶点来服务，由此提高等待时间较长的请求获得服务的概率，从而帮助缩短请求的响应时间。

基于以上发现，本节为每个顶点 v_{ij} 赋予一个优先级 $P_{v_{ij}}$。

定义 7.2　令 $P_{v_{ij}}$ 为顶点 v_{ij} 的优先级，有 $P_{v_{ij}} = |\delta_{\max}^{v_{ij}}| \times \mathrm{WT}_{v_{ij}}$。当顶点 v_{ij} 拥有最高优先级时，覆盖顶点 v_{ij} 的最大团 $\delta_{\max}^{v_{ij}}$ 会被用于生成广播编码数据包。

定义 7.3　令 $\mathrm{Dg}_{v_{ij}}$ 为顶点 v_{ij} 的度，表示与顶点 v_{ij} 存在连边的顶点个数。

若按照 ADC-2 算法的思想进行算法的直接实施，则首先需要在每个广播单元为 CR-图中所有顶点计算优先级，然后在整个 CR-图中搜寻包含优先级最高的顶点的最大团，最后根据最大团生成编码数据包。然而，这种实现方式具有很高的计算复杂度。因为搜寻最大团时间复杂度是多项式时间[④]，所以该算法为了计算各个顶点的优先级，必须在 CR-图中为每个顶点搜寻覆盖它的最大团。当 CR-图中顶点规模较大时，该算法的计算时延不能估量。下面为 ADC-2 算法引入一种更为高效的实现方式。本章为 ADC-2 算法的实施提出两种更有效、更实用的机制。首先，参考 Aksoy 等的方法[⑤]，提出有效的数据结构和剪枝技术，用于减小算法的搜索空间。使用剪枝技术，ADC-2 算法不需搜索 CR-图中的所有顶点，通过计算部分顶点的优先级就能找到 CR-图中优先级最高的

① Xu J，Tang X，Lee W C. Time-critical on-demand data broadcast：Algorithms，analysis，and performance evaluation. IEEE Transactions on Parallel and Distributed Systems，2006，17(1)：3-14.

② Chen J，Lee V，Liu K. On the performance of real-time multi-item request scheduling in data broadcast environments. The Journal of Systems and Software，2010，83：1337-1345.

③ Liu K，Lee V，Ng J，et al. Temporal data dissemination in vehicular cyber-physical systems. IEEE Transactions on Intelligent Transportation Systems，2014，15(6)：2419-2431.

④ Wu Q H，Hao J K. A review on algorithms for maximum clique problems. European Journal of Operational Research，2015，242(3)：693-709.

⑤ Aksoy D，Franklin M. RXW：A scheduling approach for large-scale on-demand data broadcast. IEEE/ACM Transactions on Networking(TON)，1999，7(6)：846-860.

顶点，这将大大减少需要搜寻的顶点规模。其次，利用顶点度（定义 7.3）来进一步减少算法的搜索空间。在一个最大团中，任意两个顶点之间必须互相连接，而顶点的度正好可以利用顶点间的连边关系。可以发现，顶点度实质上表示一个最大团的规模上限。通过运用顶点度，在计算优先级时能够跳过 CR-图中一些顶点，这可以进一步减少搜索顶点的个数。本章在下文对这两种机制的实现细节进行描述。

当新的请求到达服务器时，根据 CR-图的规则把请求包含的信息转化为顶点添加到 CR-图的 $V(G)$ 中。为了减少查找最高优先级顶点的搜索空间，ADC-2 算法构建两个有序队列，即 D 序列和 W 序列，用于存放所有顶点 $V(G)$ 的信息。在 D 序列中，所有顶点按顶点度 Dg 值降序排列；在 W 序列中，所有顶点按等待时间 WT 值降序排列。搜寻过程从 D 序列的头部顶点开始。计算 D 序列的第一个顶点的优先级，并将该值赋予最大优先级 MAX，表明这是当前找到的最大优先级。Dg 值实际上是最大团的规模上限，所以 WT 值的范围可以由 D 序列下一个顶点的 Dg 值来限定。因为 D 序列按 Dg 值降序排列，所以对于 W 序列中的任何未被检查的顶点，若想要拥有比 MAX 更高的优先级，W 序列中顶点的 WT 值必须高于 $\text{limit(WT)} = \text{MAX} / \text{NextDg}$，其中，NextDg 为 D 序列中下一个即将被检查的顶点的 Dg 值。因为 W 序列按 WT 值降序排列，若在 W 序列剩下的未检查的顶点中，没有顶点的优先级可以超过已有的最高优先级 MAX，则说明 W 序列不再有优先级更高的顶点，也就不需要再对 W 序列中剩余的顶点进行计算。D 序列的头部顶点被搜索后，转入检查 W 序列头部的第一个顶点。因为 W 序列按照 WT 值降序排列，所以对于 D 序列中任何未被检查的顶点，若想要顶点拥有比 MAX 更高的优先级，D 序列中顶点的 Dg 值必须高于 $\text{limit(Dg)} = \text{MAX} / \text{NextWT}$，其中，NextWT 为 W 序列中下一个即将被检查顶点的 WT 值。ADC-2 算法在 D 序列和 W 序列之间交替检查序列中所有的顶点，并及时对 limit(WT) 和 limit(Dg) 的值进行更新。只有当检查的顶点拥有比 MAX 更高的优先级时，MAX 才会被更新为该顶点的优先级。因为一个顶点的 Dg 值是其最大团规模的上限，它的隐含意思是一个顶点的最大团内包含的顶点数最大是 Dg 值，所以包含这个顶点的优先级不可能超过 Dg×WT 值。因此，ADC-2 算法在两个序列中检查顶点时，可以不需要计算 Dg×WT 值小于 MAX 的顶点的优先级，也就不需要消耗时间去找出覆盖这些顶点的最大团。这个查找过程在不满足以上两种限制条件时停止。此时，MAX 为 $V(G)$ 中所有顶点中的最高优先级，而覆盖拥有最高优先级的顶点的最大团被用于生成广播编码数据包。ADC-2 算法的伪代码如下所示。

ADC-2 算法伪代码

1. 接收到一个新请求 Q_i，Q_i 请求访问 d_k
2. //将 d_k 对应的顶点加入 CR-图的 $V(G)$ 中
3. $V(G) \leftarrow V(G) + v_{ik}$
4. 将 v_{ik} 与其在 D 序列中按 Dg 值降序排列的 Dg 值联系起来
5. 将 v_{ik} 与其在 W 序列中按 WT 值降序排列的 WT 值联系起来
6. 生成编码包
7. //找到能够覆盖优先级最高的顶点的最大团
8. MAX $\leftarrow 0$
9. pd $\leftarrow D$ 序列的头部
10. pw $\leftarrow W$ 序列的头部
11. limit(Dg) $\leftarrow 0$
12. limit(WT) $\leftarrow 0$
13. **while** pd $\neq$ NULL 或 pw $\neq$ NULL **do**
14. 　　**if** pd $\rightarrow$ Dg $\geqslant$ limit(Dg) **then**
15. 　　　　**if** pd $\rightarrow$ Dg $\times$ WT > MAX **then**
16. 　　　　　　调用 AC 找出 pd 指向的顶点的最大团
17. 　　　　　　计算 pd 指向的顶点的优先级 P
18. 　　　　　　**if** P > max **then**
19. 　　　　　　　　MAX $\leftarrow P$
20. 　　　　　　　　$\delta_{max} \leftarrow$ 拥有优先级为 MAX 的顶点的最大团
21. 　　　　　　**end if**
22. 　　　　**end if**
23. 　　　　将 pd 提至下一个未被检查的顶点
24. 　　　　**if** pd $\neq$ NULL **then**
25. 　　　　　　$limit(WT) \leftarrow \dfrac{MAX}{pd \rightarrow Dg}$
26. 　　　　**end if**
27. 　　**end if**
28. 　　**else break**// pd $\rightarrow$ Dg < limit(Dg)
29. 　　**if** pw $\rightarrow$ WT $\geqslant$ limit(WT) **then**
30. 　　　　**if** Dg $\times$ pw $\rightarrow$ WT > MAX **then**
31. 　　　　　　调用 AC 找出 pw 指向的顶点的最大团
32. 　　　　　　计算 pw 指向的顶点的优先级 P
33. 　　　　　　**if** P > max **then**
34. 　　　　　　　　MAX $\leftarrow P$
35. 　　　　　　　　$\delta_{max} \leftarrow$ 拥有优先级为 MAX 的顶点的最大团
36. 　　　　　　**end if**
37. 　　　　**end if**
38. 　　　　将 pw 提至 W 序列下一个未被检查的顶点
39. 　　　　**if** pw $\neq$ NULL **then**
40. 　　　　　　$limit(Dg) \leftarrow \dfrac{MAX}{pw \rightarrow WT}$
41. 　　　　**end if**
42. 　　**end if**
43. 　　**else break**// pw $\rightarrow$ WT < limit(WT)
44. 　**end while**
45. //根据最大团 δ_{max} 生成编码数据包 γ

46. 计算 $\delta_{\max}$ 的 $D_{\delta_{\max}}$
47. $\gamma = d_{\delta_{\max}(1)} \oplus d_{\delta_{\max}(2)} \oplus \cdots \oplus d_{\delta_{\max}(|D_{\delta_{\max}}|)}$ 其中 $d_{\delta_{\max}(i)} \in D_{\delta_{\max}}$
48. 广播编码包 γ
49. 编码包 γ 被广播后
50. //根据最大团的顶点更新 CR-图的 $V(G)$
51. **for** 每个 $v_{ij} \in \delta_{\max}$ **do**
52. 　　$V(G) \leftarrow V(G) - v_{ij}$
53. **end for**

为了便于深入理解 ADC-2 算法中的剪枝技术，本节给出 ADC-2 算法使用 D 序列和 W 序列为顶点计算优先级的实例，如图 7.1 所示。实例中，D 序列和 W 序列是两个分别指向顶点集 $V(G)$ 的序列。D 序列显示了所有顶点的 Dg 值，并按 Dg 值降序排列；W 序列显示了所有顶点的 WT 值，并按 WT 值降序排列。ADC-2 算法执行后，首先检查 D 序列中的第一个顶点 v_{52}。为 v_{52} 搜寻覆盖它的最大团，假设 v_{52} 的最大团规模为 40。查阅图 7.1 可知，v_{52} 的 Dg 值为 100，最大团的规模远小于 100，所以，计算 v_{52} 的优先级为 $P_{v_{52}} = |\delta_{\max}| \times \mathrm{WT}_{v_{52}} = 40 \times 5 = 200$。因为 v_{52} 是第一个被检查的顶点，所以将该顶点的优先级 P_{v} 值赋给 MAX。因此，MAX $= P_{v_{52}} = 200$，按照限定规则 1 的定义可得 $\mathrm{limit(WT)} = \mathrm{MAX} / \mathrm{Dg}_{v_{33}} = \dfrac{200}{60} = 3.33$。根据 $\mathrm{limit(WT)}$ 的定义可知，在 W 序列中检查顶点并计算优先级时，所有 WT 值小于 3.33 的顶点都不需要检查，这些顶点的优先级不可能高于 MAX。下面开始检查 W 序列的第一个顶点 v_{67}，为顶点 v_{67} 计算 $\mathrm{WT} \times \mathrm{Dg}$ 的值为 180。对于一个顶点，其 Dg 值是覆盖该顶点的最大团规模的上限，即 $\mathrm{Dg}_{v_{67}} \geqslant |\delta_{\max}^{v_{67}}|$，所以 v_{67} 的 $P_{v_{67}}$ 值必定小于 $\mathrm{WT} \times \mathrm{Dg}$ 的值。换句话说，顶点 v_{67} 的优先级必定小于 180，而这个值显然小于当前的 MAX。因此，没有必要为顶点 v_{67} 搜寻覆盖它的最大团，也不需要计算 v_{67} 的优先级，MAX 值保持不变。下面按照限定规则 2 的定义，计算得到 $\mathrm{limit(Dg)} = \mathrm{MAX} / \mathrm{WT}_{v_{86}} = 2.67$。同样，不用在 D 序列中搜索 Dg 值小于 2.67 的顶点。接下来，检查 D 序列中的第二个顶点 v_{33}。该顶点的 $\mathrm{Dg} \times \mathrm{WT}$ 值为 1200，大于 MAX。因此，需要计算该顶点的优先级。假定顶点 v_{33} 的最大团规模为 45，其优先级为 $P_{v_{33}} = 45 \times 20 = 900$。该优先级大于 MAX，因此 MAX 被更新为 900，并重新计算 $\mathrm{limit(WT)} = \mathrm{MAX} / \mathrm{Dg}_{v_{12}} = 36$。接下来，检查 W 序列中的第二个顶点 v_{86}，该顶点的 $\mathrm{Dg} \times \mathrm{WT}$ 值为 300，小于 MAX，因此，不需要计算 v_{86} 的优先级且 MAX 值不变。于是重新计算 $\mathrm{limit(Dg)} = \mathrm{MAX} / \mathrm{WT}_{v_{93}} = 25.7$，发现 D 序列中即将被检查的下一个顶点其 Dg 值小于 $\mathrm{limit(Dg)}$。而 D 序列是按降序排列的，D 序列后续的顶点都不可能拥有更高的优先级。因此，MAX 为所有顶点中的最高

优先级，覆盖了优先级最高的顶点的最大团被用于生成编码数据包。总体而言，在本例中只需要检查 4 个顶点就可以找出拥有最高优先级的顶点进行编码，而不需要检查序列中的所有顶点。此外，在这四个顶点中，仅需要针对其中两个顶点搜寻覆盖它们的最大团。因此，本节提出的两种机制可以有效降低计算复杂度，使 ADC-2 算法更高效和更实用。

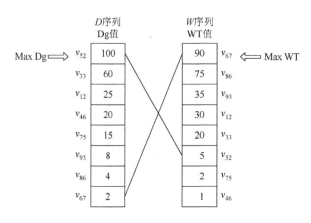

图 7.1　D 序列和 W 序列的查询实例

第三节　单数据项编码广播调度算法仿真与性能分析

一、性能评估

1. 仿真模型

本节实施一系列详细的实验来评估信息服务系统的表现，实验运用 CSIM[①]中描述的仿真模型。该模型在第三章仿真模型的基础上构建而成，主要参数及其设置在表 7.2 中展示。除非特别申明，否则实验会使用表中默认值。

表 7.2　系统参数设置

参数	默认值	取值范围	描述
f	0.1	0.05～2	思考时间控制参数
NUMCLIENT	300	100～500	客户端数量

① Schwetman H. CSIM Guides (version 19). USA：MCC Corporation，2001.

续表

参数	默认值	取值范围	描述
DBSIZE	800	450～1400	数据库中的数据项数量
CACHESIZE	160	30～280	每个客户端可以缓存数据项的数量
θ	0.8	0～1.0	Zipf 分布参数

　　服务器和客户端均由一个进程模拟，仿真模型中用户请求到达时间间隔服从指数分布，每个客户端发送请求的时机由指数分布函数决定。通过参数 f 改变客户端的两个连续用户请求到达时间间隔来控制用户请求的到达速度。f 值越大，意味着两个连续请求之间的间隔时间越短，用户请求到达服务器的速度越大，因而系统负载越大。本仿真模型假设所有的数据项大小相等，且均为 1KB。本仿真系统规定客户端发送数据请求和接收请求，以及服务器处理数据请求都不占用仿真时间。整个仿真系统中，只有数据广播阶段会消耗仿真时间，数据编码及解码过程所消耗的时间忽略不计。编码数据包与一个数据项大小相等，广播一个编码数据包耗费的时间为：一个数据项的大小/下行网络带宽。数据访问模式由 Zipf 分布[①]来模拟，其数据访问的偏斜由参数 θ 控制，其中，$0 \leqslant \theta \leqslant 1$。假设客户端在下行信道上成功解码编码数据包，获得自己请求的数据项后，会将数据项存储在其本地缓存中。本地缓存信息的管理采用 LRU 策略来模拟。

2. 评估指标

　　在仿真过程中，本节使用以下指标评估融合网络编码技术的信息服务广播系统的性能。其中，本实验仅考虑发送到服务器的数据请求并对它们的服务状态进行分析评价，能够在客户端的缓存信息中找到自己需要的数据项的查询请求没有被本实验记录。本实验没有考虑客户端缓存管理带来的系统性能的提升。从服务器角度评价融合网络编码技术的信息服务广播系统服务性能所使用的指标如下。

　　(1)平均请求响应时间。这是一种评估算法表现的重要标准，因为它衡量系统的响应度。广播算法的首要目标是最小化平均请求响应时间。

　　(2)每个编码数据包的数据项个数。它是指在每个广播单元广播的编码数据包中被编码的数据项个数。这个度量项测量编码策略的灵活性，反映其有效运用客户端状态的能力。

　　(3)广播产出。该指标为每次广播能满足请求的平均数量。这一指标测量服务请求时服务器的产出，并反映数据调度和编码的融合效用。

---

① Zipf G K. Relative frequency as a determinant of phonetic change. Harvard Studies in Classical Philology, 1929, 40: 1-95.

二、实验结果及讨论

在对基于请求的信息服务广播仿真系统进行深入细致研究的基础上，本节呈现多种广播调度算法的性能分析结果。以下所有实验结果都在系统处于稳定状态且仿真置信程度达到 0.95、半宽小于 5% 时获得的。

为了方便比较，体现网络编码的效用，本节在实验中还实现了 RXW 算法[①]和 OE 算法[②]。RXW 算法是信息广播环境下表现最好的调度算法之一，它在多种环境下都优于 FCFS、MRF 和 LWF 算法。OE 算法是较为经典且性能不错的一种编码辅助算法，它也同时考虑数据调度和编码过程。

1. 缓存规模的影响

图 7.2 显示了不同缓存规模下每种算法的请求平均响应时间。因为 RXW 算法在调度决策中不考虑网络编码，客户端的缓存规模变化不会对算法表现造成影响，所以与编码辅助算法相比，RXW 算法的表现最差，它的请求平均响应时间自始至终没有发生变化，该结果证实了网络编码技术能有效提升信息广播系统的表现。从其他三种编码辅助算法来看，系统整体性能会随着缓存规模增大而提高。OE 算法提升幅度最小，ADC-1 算法次之，ADC-2 算法有最好表现。当缓存规模很小时，所有的编码辅助算法有相似的表现。随着缓存规模的不断增大，ADC-1 和

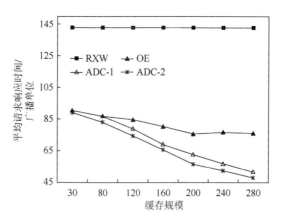

图 7.2　不同缓存规模下各算法的请求平均响应时间

① Aksoy D，Franklin M. RXW：A scheduling approach for large-scale on-demand data broadcast. IEEE/ACM Transactions on Networking(TON)，1999，7(6)：846-860.

② Chu C，Yang D. Chen M. Multi-data delivery based on network coding in on-demand broadcast. Proceedings of the 9th International Conference on Mobile Data Management，2008：181-188.

ADC-2 算法在缩短请求平均响应时间方面的表现更加突出，而 OE 算法对性能的
提升不明显，且其表现在缓存规模大于 200 时趋于稳定，此结果证明了之前关于
OE 算法缺点的讨论。首先，OE 算法不灵活，因为每个广播单元只为少数固定数
量的数据项进行编码，很难根据数据动态访问情况进行自适应调节，所以当缓存
规模不断增大时，OE 算法不能很好地利用缓存信息做出编码决策。因此，OE 算
法不能完整展现数据广播环境下网络编码的有效性，而 ADC-1 和 ADC-2 算法可以
克服这些问题并在每个广播单元中为不同数量的数据项编码，最大化地实现动态环
境下网络编码的有效性。因此，ADC-1 和 ADC-2 算法的表现都明显优于 OE 算法。

图 7.3 描绘了 OE、ADC-1 和 ADC-2 算法的编码能力的分析，展示出在不同
的高速缓存规模下每个广播单元中参与编码的数据项的平均数量。随着缓存规模
的增大，客户端缓存中存储其他客户端请求的数据项的机会随之增加，有更多的
缓存空间用于性能增益。图 7.3 反映了编码策略利用机会来增强其编码效用的能
力。当缓存较小时，在提出方案的每个广播单元中编码数据项的数量非常接近于
其在 OE 算法中的数量，这解释了当高速缓存很小时它们具有类似的性能的原因，
如图 7.3 所示。随着缓存规模的增大，ADC-1 和 ADC-2 算法在每个广播单元中比
OE 算法能编码更多的数据项。换句话说，本书所提出的方案可以有效地利用更多
的编码机会。此外，相较于 ADC-1 和 ADC-2 算法在每个编码数据包中能持续为
更多的数据项编码，这意味着尽管这两种算法采用同样的编码策略和调度标准，
ADC-2 算法的整合方法能更好地利用数据调度和网络编码的优势。为了便于更好
地理解 ADC-1 与 ADC-2 算法性能上的差异，图 7.4 展示了在默认设置下编码数
据包内包含数据项的分布情况，结果证明，ADC-2 算法的编码灵活性更高，OE
算法在每个广播单元中总是对两个数据项进行编码。与此相反，ADC-1 和 ADC-2
算法的编码数据包中总是包含不同数量的数据项。

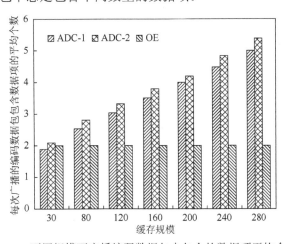

图 7.3　不同规模下广播编码数据包中包含的数据项平均个数

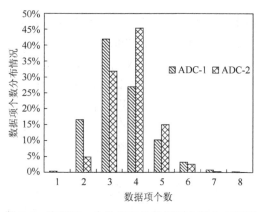

图 7.4　编码到一个数据包的数据项个数分布情况

　　图 7.5 展示了在不同高速缓存规模下每个算法的广播能力。此标准用于度量服务器的广播能力，从而测量算法的整体性能。对于编码辅助算法，有两个因素有助于提升广播能力。第一，由于数据广播系统的固有本质，广播一个数据项可以为请求该数据项的所有客户端提供服务。第二，使用网络编码后，广播一个编码数据包可以为请求不同数据项的客户端同时提供服务。如图 7.5 所示，RXW 算法具有最低的广播能力，因为它不采用任何编码策略来提高广播能力。在三种编码辅助算法中，OE 算法具有最差性能。当高速缓存规模变得更大时，它的性能没有显示出很大的提升。同样，这表明 OE 算法在缓存空间大时，效果不好，因为它的编码机制不够灵活且不能自适应地调节。因此，它不能帮助实现最大化广播能力。相比之下，ADC-2 算法在所有算法中有最高的广播能力。一方面，它有效地利用客户端的状态信息，获得编码的机会，使能成功获得服务的客户端数量最大化。另一方面，它将网络编码技术融合到数据调度中，并进一步利用两种技术之间的协同作用。因此，ADC-2 算法能保证广播的每个编码数据包服务于最多数量的客户端。

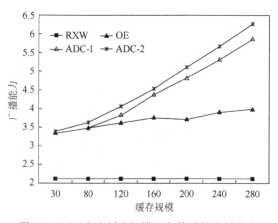

图 7.5　不同高速缓存规模下各算法的广播能力

2. 数据库规模的影响

图 7.6 展示了在不同数据库规模下各算法的性能表现。随着数据库规模的增大，数据访问分布在更多数量的数据项上，减少了访问每个数据项的机会。因此，可以由广播数据服务的未决请求的数量减少而获得更多的带宽来为所有请求提供服务。类似地，编码机会也减少了。从图 7.6(b) 中可以观察到在每个广播中更少数量的数据项被编码，最终增加数据库规模大小不可避免地降低了服务器的广播生产力，这可以从图 7.6(c) 中观察到。类似于最后一组实验，不考虑网络编码的RXW 算法是表现最差的。在三个编码辅助算法中，ADC-2 算法执行最佳，ADC-1算法排名第二，OE 算法则排最后。

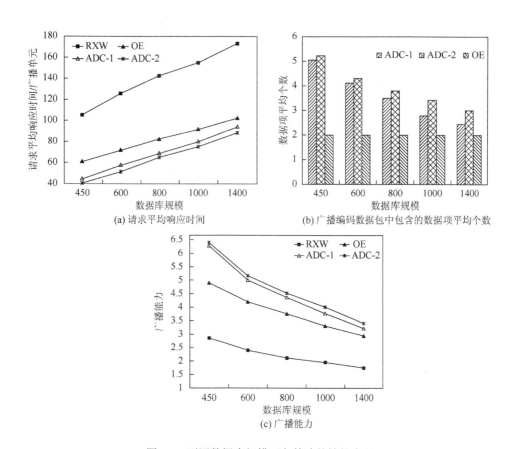

(a) 请求平均响应时间

(b) 广播编码数据包中包含的数据项平均个数

(c) 广播能力

图 7.6　不同数据库规模下各算法的性能表现

3. 系统负载的影响

图 7.7 展示了在不同数量的客户端下每个算法的性能表现，更多的客户提交请求表示工作量较重。如图 7.7(a)所示，当工作负载增加时，请求平均响应时间增加。给定数据库规模，增加客户端的数量加大了每个数据项被访问的次数。因此，尽管工作负载较大，但是更多的客户端提供更多的意味着更高的广播生产力（图 7.7(c)）的编码机会（图 7.7(b)），因为广播可能潜在地满足更多的请求。所有算法中，ADC-1 和 ADC-2 算法具有最佳性能。

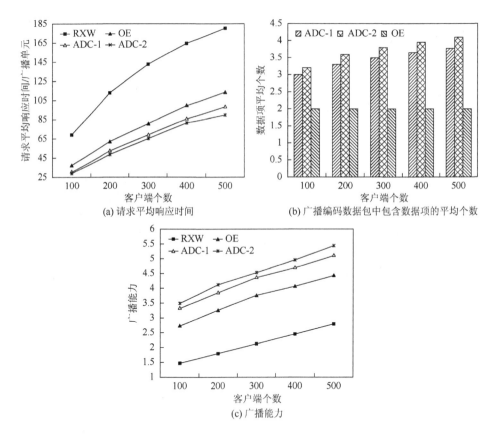

(a) 请求平均响应时间　　　　(b) 广播编码数据包中包含数据项的平均个数

(c) 广播能力

图 7.7　不同数量客户端下各算法的性能表现

4. 数据访问模式的影响

图 7.8 展示了在不同数据访问模式下每个算法的性能表现。当 θ 等于 0 时，数据访问模式遵循均匀分布且每个数据项被访问的概率是相同的。随着 θ 值的增加，访问模式变得越来越歪斜。从图 7.8 中可以看出，显然当 θ 增加时每种算法

的性能都会提升。根据之前的数据广播研究[①~④]，当数据访问模式发生偏斜时，调度算法有更好的表现，因为有了更高的潜力在每次广播中满足更多的请求。同样的趋势出现在所有的算法中，这可以在图 7.8 中看出来。与已有研究结果一致，算法的相关表现在这一系列实验中保持不变。

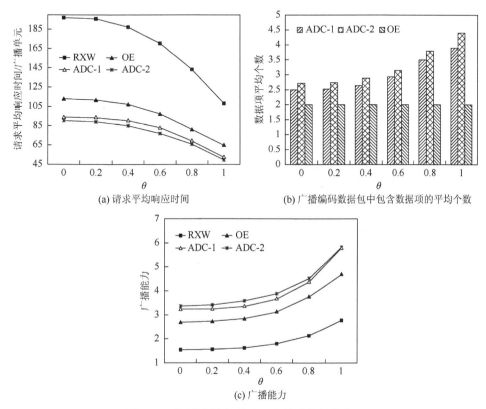

(a) 请求平均响应时间　　　　(b) 广播编码数据包中包含数据项的平均个数

(c) 广播能力

图 7.8　不同数据访问模式下各算法的性能表现

第四节　面向实时多数据项的广播调度算法

实时多数据项广播面临的最大问题是饥饿问题，本书在第四章已详细分析了

① Chen J，Lee V，Liu K. On the performance of real-time multi-item request scheduling in data broadcast environments. The Journal of Systems and Software，2010，83：1337-1345.

② Dai P，Liu K，Feng L，et al. Adaptive scheduling for real-time and temporal information services in vehicular networks. Transportation Research Part C：Emerging Technologies，2016，71：313-332.

③ Hu C. Fair scheduling for on-demand time-critical data broadcast. Proceedings of IEEE International Conference on Communications，2007：5831-5836.

④ Ali G G，Lee V，Chan E，et al. Admission control based multi-channel data broadcasting for real-time multi-item queries. IEEE Transactions on Broadcasting，2014，60(4)：589-605.

该问题。提高实时多数据项广播效率的主要手段是解决请求的饥饿问题。因此，在考虑对数据项进行编码之前，首先需避免请求出现饥饿问题。

一、ADC 算法相关定义与描述

本节提出面向请求的可适应编码（ADC）算法，该算法的实施分为两个阶段，分别是数据调度阶段和数据编码阶段。数据调度阶段，采用请求重叠度与紧迫度优先（request overlap inverse urgency，RIU）算法寻找最值得服务的请求。RIU 算法是本书第五章所设计的算法 TIU 算法的改进算法，它不仅考虑请求重叠度与紧迫度，而且是专门为解决多数据项的请求饥饿问题而设计的算法。该算法能有效降低实时多数据项请求环境下的请求截止期错失率。编码阶段，基于第六章设计的编码策略 AC 提出适应于多数据项请求环境的 CR-图构建以及相应的编码方法。本节提出的 ADC 算法一方面能使请求避免饥饿问题，另一方面，其编码策略能避免冗余编码，使编码数据包服务更多的客户端。

为了更清晰地阐述 ADC 算法，需要对融合网络编码的实时多数据项请求环境作一些必要的假设与定义。多数据项请求 Q_i 被服务的状况及进度由 UnservedSet$_{Q_i}$ 反映，UnservedSet$_{Q_i}$ 的定义见定义 5.2。

定义 7.4 N_{d_k} 表示数据项 d_k 在时刻 t 的重叠频次，它定义为服务队列中对数据项 d_k 提出访问需要的请求总数，$d_k \in D$，$1 \leqslant k \leqslant N$。

服务器广播一个数据项后，该数据项的重叠频次将被重新设置为 0。重叠频次与数据受欢迎度表达的含义相似。显然，广播一个重叠频次高的数据项可以同时服务更多的请求。然而，为了让请求避免出现饥饿问题，一个请求中包含的数据项不能独立进行分析。若一个请求内部分数据项与其他请求的数据项不存在重叠，那这部分数据项永远都不会被调度和服务。因此，本节为广播调度决策定义了一个新指标，称为 RO$_{Q_i}$，表示请求 Q_i 的重叠度。

定义 7.5 RO$_{Q_i}$ 表示请求 Q_i 的重叠度，定义为请求 Q_i 需要访问的所有数据项的平均重叠频次。在时刻 t，有

$$\text{RO}_{Q_i}(t) = \frac{\sum_{j=1}^{|\text{UnservedSet}_{Q_i}(t)|} N_{d_{q^i(j)}}(t)}{|\text{UnservedSet}_{Q_i}(t)|}$$

对所有 $d_{q^i(j)} \in |\text{UnservedSet}_{Q_i}(t)|$，该指标测量了 Q_i 访问所有数据项的重叠频次与该请求内未被服务的数据项的总数的比值。RO$_{Q_i}$ 的数值会随着数据项广播以及新请求到达而动态变化。

在实时单数据项广播环境下考虑请求的空闲时间可以提高广播服务的效率，但是，本节发现单独考虑空闲时间不能有效反映多数据项请求的紧迫度。在多数据项请求环境下，若请求内只有少量数据项未获得服务，该请求应被视为紧急需要获得服务的请求。因此，本节定义新指标 Urg_{Q_i}，它同时考虑请求的空闲时间与请求内未获得服务的数据项数目，以此来代表请求 Q_i 的紧迫度。该指标对即将完全获得服务的请求给予较高的服务优先级，因此，它能帮助请求有效避免饥饿问题。

定义 7.6　在时刻 t，请求 Q_i 的紧迫度 $\mathrm{Urg}_{Q_i}(t)$ 定义为

$$\mathrm{Urg}_{Q_i}(t) = \frac{1}{\mathrm{SlackTime}_{Q_i}(t) \times |\,\mathrm{UnservedSet}_{Q_i}(t)\,|}$$

其中，在时刻 t，$\mathrm{SlackTime}_{Q_i}$ 定义为

$$\mathrm{SlackTime}_{Q_i}(t) = \mathrm{DL}_{Q_i} - t - |\,\mathrm{UnservedSet}_{Q_i}(t)\,| \times \mathrm{ServeTm}$$

其中，DL_{Q_i} 表示请求 Q_i 的请求截止期；$\mathrm{ServeTm}$ 是一个广播单元，即传输一个数据项所耗费的时间。

请求重叠度和紧迫度是服务器做调度决策时需要考虑的两个重要因素，只考虑其中任何一个因素不能为信息服务系统带来较好的服务效果。选择服务请求重叠度(RO)高的请求，间接增加了服务器为更多请求提供服务的机会，因此可以帮助重叠的请求都获得服务。选择服务紧迫度(Urg)高的请求，增加了即将完成服务的请求获得完全服务的机会，因此能帮助避免请求的饥饿问题。

定义 7.7　在时刻 t，请求 Q_i 的优先级 P_{Q_i} 定义为

$$P_{Q_i}(t) = \mathrm{RO}_{Q_i}(t) \times \mathrm{Urg}_{Q_i}(t)$$

与以往从数据项角度设计的调度算法不同，P_{Q_i} 中考虑的两个指标都是从请求的角度设计。

第六章提供的编码策略 AC 针对单数据项请求环境，本节对编码策略 AC 做适当的调整以适应实时多数据项环境。首先，在实时多数据项请求环境下，CR-图的构建原则依然遵循第六章的构建原则，但构建出来的顶点 $V(G)$ 中若干个顶点来自于同一个请求。

图 7.9 是多数据项请求环境客户端请求与缓存的信息实例。图 7.10 是根据客户端信息构建的 CR-图。CR-图中椭圆圈中的顶点为同一个客户端发送的多数据项请求所包含的顶点。例如，V_1 表示客户端 c_1 发送请求中包含的数据项构建的顶点。图中黑色加粗顶点与连线表示最大团 $\delta_{\max} = \{v_{11}, v_{26}, v_{31}, v_{46}, v_{54}\}$。该最大团包含的数据项为 $D_{\delta_{\max}} = \{d_1, d_4, d_6\}$。可以发现，最大团中的每个顶点都属于一个客户端，不存在同一个客户端的两个顶点出现在同一个最大团的情况。

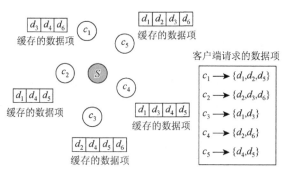

图 7.9 多数据项请求环境服务实例

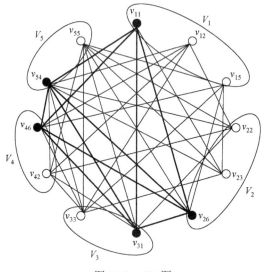

图 7.10 CR-图

二、ADC 算法描述

与以往传统的广播调度算法相似，ADC 算法只在服务器端执行。ADC 算法的关键思想与步骤描述如下。

（1）当新请求 Q_i 到达时，将 Q_i 插入服务队列，并更新该请求中要求访问的每个数据项的重叠频次。

（2）对服务队列中的每个请求执行可调度检查。如果请求的剩余空闲时间小于传输该请求被未被服务的数据项所耗费的时间，本书就认为该请求为不可调度请求，并将其从服务队列中删除。

（3）产生需要广播的数据，将这一步分为两个阶段进行。

①数据调度阶段：确定服务优先级最高的请求。根据定义 7.7 为服务队列中的每个请求计算其服务优先级。服务器在服务队列中选择服务优先级最高的请求。

该优先级从请求的角度，动态地整合了请求紧迫度和重叠度。

②编码阶段：由选中的请求产生需要编码的数据集。该阶段分为以下两步执行。

（a）根据客户端的请求和缓存信息为所有被请求的数据项构建 CR-图 $G(V, E)$。

（b）为选中请求内包含的数据项进行编码，该过程按以下三步执行。

ⓐ从被选中的请求 Q_i 中选择一个数据项 d_k 作为候选数据项，该数据项在 CR-图中对应于顶点 v_{ik}。搜寻覆盖顶点 v_{ik} 的最大团。

ⓑ将最大团中包含的所有数据项通过 XOR 操作编码成一个数据包。根据编码数据包生成解码表，并将其提供给客户端。每个编码数据包都有自己对应的解码表，解码表包括可以解码该数据包的客户端信息。通常情况下解码表包含三个属性：①成功解码编码数据包的客户端 ID；②该客户端发出的请求内容；③该客户端成功解码出来的数据项 ID。可以发现，解码表中的每个实体都有一个数据项需要进行重叠频次的更新。

ⓒ将编码好的数据包插入广播集合，当被选中的请求内所有数据项都获得服务时，从 CR-图中删除最大团。

（4）编码数据包完成广播后，根据解码表对每个数据项的重叠频次进行更新并将获得服务的数据项从 UnservedSet$_{Q_i}$ 中移除。

第五节　实时多数据项的编码广播仿真与性能分析

一、仿真模型及评价指标

基于实时多数据项请求的编码广播仿真模型与本章第二节的仿真模型一致。模型中使用的主要参数如表 7.3 所示。

表 7.3　系统参数设置

参数符号	默认值	取值范围	描述
f	0.25	0.1～2	用户请求到达速度控制参数
NUMCLIENT	100	100～400	客户端总数目
DBSIZE	600	500～1000	数据库数据项的总数目
LMIN	10	5～25s	最小松弛时间
LMAX	20	15～35s	最大松弛时间
n	8	6～24	请求内包含数据项数目平均值
CACHESIZE	160	30～240	各客户端的缓存规模
θ	0.8	0～1.0	Zipf 分布偏斜率

　　各参数已在第四章和第五章做了详细阐述，这里不再赘述。请求到达服务器的速度由参数 f 控制，当 $f=1$ 时，请求的平均到达速度为 0.3 个请求/广播单元。f 取值越大，意味着请求到达服务器的速度越大，系统的负载越大。请求截止期的定义与第五章第四节的定义相同。使用 Birk 等提出的方法①来生成客户端信息，采用 LRU 算法来管理客户端的缓存信息。仿真实验的数据库规模不大，是因为小规模的数据库更容易产生热点效应，更便于分析算法的性能表现。

　　本节考察算法所使用的性能指标主要包括截止期错失率和带宽节省率，这两个评价指标是评价信息服务广播系统性能的主要指标。在实时多数据项广播环境中，服务的主要目标是最小化截止期错失率。关于评价指标的详细说明见本书第三章。

二、实验结果及分析

　　本节所展示的实验结果均来自构建的实时信息广播服务仿真系统。所有实验数据在仿真系统处于稳定状态时运行，且置信程度达到 0.95、半宽小于 5%时获取。

　　为了便于比较，本节还对策略 TR②、TR-LC、TIU、OE③和 TIU-OE 进行了实施。TR 算法是为非实时多数据项请求环境设计的广播调度算法，在多个情境下，它的性能明显好于 FCFS、MRF 和 RXW 算法。TR-LC 策略在数据调度阶段使用 TR 算法来选择最值得服务的请求，在编码阶段使用线性组合把一个请求中所有的数据项全部编码到一个数据包中。TIU 算法是专门为实时多数据项设计的调度算法，具体实施见本书第五章，而 TIU 算法也是本章提出的 ADC 策略数据调度阶段的基础。OE 算法是较早在多数据项请求环境下，融合网络编码技术和数据调度的算法。为了更公平地比较 ADC 算法与 OE 算法，提出混合算法 TIU-OE。TIU-OE 算法在数据调度阶段使用 TIU 算法，编码阶段使用网络编码策略 OE。所以，OE 与 TIU-OE 算法之间的表现差异能反映出数据调度机制的效率；TIU-OE 与 ADC 算法之间的表现差异能反映网络编码策略的效率。将以上所有被测试的算法按是否采用网络编码技术分为两类。TR 和 TIU 算法归为一类，它们是传统数据广播调度算法，没有使用网络编码技术。TR-LC、OE、TIU-OE 和 ADC 算法归为一类，它们是融合网络编码技术的数据广播调度算法。

---

① Birk Y，Kol T. Coding on demand by an informed source(ISCOD)for efficient broadcast of different supplemental data to caching clients. IEEE/ACM Transactions on Networking，2006，14：2825-2830.

② Prabhu N，Kumar V. Data scheduling for multi-item and transactional requests in on-demand broadcast. Proceedings of the 6th International Conference on Mobile Data Management，2005：48-56.

③ Chu C，Yang D，Chen M. Multi-data delivery based on network coding in on-demand broadcast. Proceedings of the 9th International Conference on Mobile Data Management，2008：181-188.

1. 缓存规模的影响

图 7.11 展示了不同缓存规模下各算法的截止期错失率。与预期一致，当缓存规模增大时，所有算法的性能都得到较大改善。从整个测试范围来看，融合网络编码技术算法的截止期错失率明显低于未使用网络编码技术的算法。因为网络编码技术可以帮助更多的客户端获得它们需要的数据项，提高广播效率，所以，更多请求能在截止期内获得完全服务，使截止期错失率进一步下降。在四种采纳网络编码技术的算法中，TR-LC 和 ADC 算法实际上分别是 TR 和 TIU 算法的编码版本。因为这两个算法在数据调度阶段分别使用 TR 和 TIU 算法来选择被服务的请求。但实验结果显示，不同的编码策略带来的性能提升也不尽相同。与 TR 算法相比，TR-LC 算法的线性组合编码策略可降低截止期错失率达 17%。与 TIU 算法相比，当缓存规模持续增大时，ADC 算法可以降低截止期错失率达 36%～99%，这说明本章设计的 ADC 算法在提升系统性能方面明显优于 LC 算法。OE 算法在缓存规模较小时，表现不好，但在整个测试范围内它是性能提升最快的算法，OE 算法同时考虑数据调度和网络编码，它的整体性能与这两个阶段所使用的策略密切相关。通过观察 OE 与 TIU-OE 算法之间的表现差异可以发现，OE 算法的数据调度策略没有 TIU 算法效率高，OE 算法中的请求存在严重的饥饿问题。在多数据项请求环境下，饥饿问题是导致信息广播服务系统性能变坏的主要原因。虽然 OE 算法引入编码策略来改善系统的整体性能，但当缓存规模较小时，编码策略表现被饥饿问题所限制。当缓存规模逐步增大时，编码能力的提升使 OE 算法编码策略的效率越来越高。虽然 OE 算法的编码策略能降低冗余编码，但缺乏弹性。通过观察 TIU-OE 与 ADC 算法之间的表现差异可以发现，本书提出的 AC 编码策略比

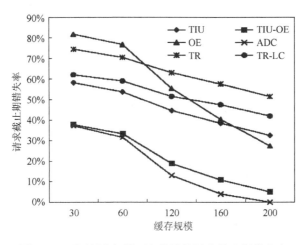

图 7.11　不同缓存规模下各算法的请求截止期错失率

OE 算法的编码策略更有效，因为 TIU-OE 与 ADC 算法使用相同的数据调度策略，它们间的表现差异完全是由编码策略表现导致的。当缓存规模较小时，TIU-OE 与 ADC 算法拥有相似的表现，但当缓存规模增大时，ADC 算法表现突出，其截止期错失率下降明显。OE 算法每次将固定数量(2 个)的数据项编码到一个数据包中，这表明 OE 算法的适应性不强，无法充分利用客户端的缓存信息。

图 7.12 进一步分析了 OE 和 ADC 算法的编码能力,它展示了 TIU-OE 和 ADC 算法在每个广播单元内被编码的数据项个数。该指标反映了各编码策略的自适应性，以此反映算法利用客户端信息进行编码的能力，而对客户端信息的利用程度是反映编码效率的重要尺度。当缓存规模较小时，ADC 算法的编码数据包中包含的数据项个数与 OE 算法的差不多，随着缓存规模增大，ADC 比 OE 算法编码更多的数据项。ADC 算法适应性更强，因此在图 7.11 中，ADC 比 TIU-OE 算法具有更好的表现。综合以上结果可以发现，ADC 算法在不同缓存规模下，具有最好的表现，因为 ADC 算法不仅在数据调度阶段综合考虑请求重叠度和紧迫度，有效地避免了饥饿问题，而且通过自适应性较强的编码策略 AC 保证每个编码包都能服务最大数量的客户端，进一步降低了请求的截止期错失率。

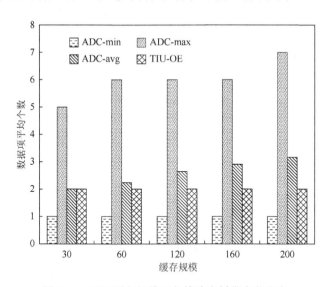

图 7.12　不同缓存规模下各算法广播带宽节省率

图 7.13 展示了不同缓存规模下各算法的带宽节省率。对于未使用网络编码技术的广播调度算法，该指标仅用来反映请求调度策略使用广播带宽的效率。对于融合了网络编码技术的广播调度算法，该指标同时反映请求调度策略和网络编码策略使用广播带宽的效率。与预期一致，TR 和 TIU 算法的带宽节省率随着客户端缓存规模的增大而减小。在四个融合网络编码技术的广播策略中，TR-LC 算法表现最差，

虽然 TR-LC 算法使用了网络编码策略,但是 LC 算法没能有效地利用客户端缓存信息让广播效率更高。OE、TIU-OE 和 ADC 算法具有较高的带宽节省率。但当缓存规模较小时,OE 算法的带宽节省率是负值。此时,OE 算法存在较严重的饥饿问题,很多请求无法在截止期内获得服务,这将导致大量广播带宽浪费。而网络编码在缓存较小时对广播带宽的利用率不高,所以最终导致 OE 算法的带宽节省率出现负值。与其他算法相比,ADC 算法的表现最好,它具有最高带宽节省率。一方面,ADC 算法青睐于服务可以让请求完全获得服务的数据项帮助解决请求饥饿问题;另一方面,它有效利用客户端的信息让广播带宽的利用率达到最大。

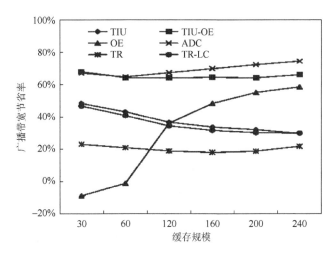

图 7.13　不同缓存规模下各算法编码数据包内包含的数据项平均数

2. 请求规模的影响

图 7.14 展示了不同请求规模下各算法的请求截止期错失率。与预期一致,当请求规模逐步增大时,算法的截止期错失率增大。与其他算法相比,OE 算法的性能恶化最快;未使用网络编码技术的算法性能表现处于中间;ADC 算法依然拥有最好的表现。根据 OE 算法的调度原则,它更倾向于服务规模大的请求。这使很多即将部分获得服务的请求(剩余一到两个数据项未被服务)失去完全获得服务的机会,最终导致饥饿问题。虽然它的编码阶段可以在某种程度上帮助服务器在每个时间单元内服务更多的请求,但其效用有限。

因此,最后依然有很多请求因为饥饿问题错过了自己的截止期。可以发现,请求规模的增大会导致饥饿问题的加重,OE 算法的调度策略效果不佳,使 OE 算法的表现受到严重影响。TIU-OE 与 OE 算法的表现差异进一步证实了 OE 算法的缺陷,与 OE 算法相比,TIU-OE 算法可以避免饥饿问题并降低截止期错失率到 50%。

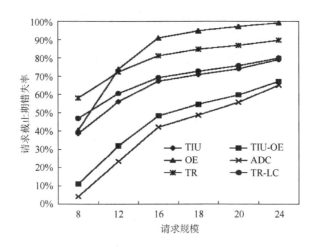

图 7.14　不同请求规模下各算法的请求截止期错失率

第六节　小　　结

本章结合第六章提出的网络编码策略，分别针对单数据项请求环境、多数据项请求环境、非实时信息广播环境以及实时信息广播环境设计了融合网络编码技术的信息广播调度方案。

针对非实时单数据项请求广播环境，设计两种信息广播调度方案，即 ADC-1 和 ADC-2 算法。ADC-1 与 ADC-2 算法的相同点在于，同时在数据广播调度阶段使用经典广播调度策略 RXW，在编码阶段使用编码策略 AC。不同点在于，ADC-1 算法先考虑数据调度再考虑编码，数据调度与编码分开执行，且相互独立；而 ADC-2 算法对构建的 CR-图中每一个顶点定义权重，有效将编码策略的结果作为计算顶点权重的一部分，并通过数据调度来选择权重最高的顶点进行服务。这种方法很好地将网络编码技术融入数据调度中，从而能最大化实现数据调度的效果与编码策略的效果，使信息广播系统的服务效率得到极大的提升。另外，虽然 ADC-2 算法能为信息广播服务系统带来较好的服务效果，但是直接根据 ADC-2 算法的思想来实施方案不切实际。因为 ADC-2 算法的计算复杂度较高，所以本章设计一种数据结构和搜索机制，有效缩减算法搜索空间，提高搜索效率，力求让 ADC-2 算法更切合实际，容易实施。最后的实验结果证实了第六章设计的编码方案效果好、可适应强。本章设计的信息广播整体调度方案 ADC-1 与 ADC-2 算法在处理单数据项请求时，与传统无编码的广播调度方案相比，能适应各种环境参数的变化，降低请求响应时间达 30%以上。

针对实时多数据项请求广播环境，设计了一种信息广播调度方案，即 ADC

算法。ADC 算法分为两个阶段实施。在数据调度阶段，从请求的角度出发，同时考虑请求重叠度和紧迫度，从而避免请求出现饥饿问题；在编码阶段，使用第六章提出的编码策略 AC 实施数据编码，每个广播单元编码的数据项个数不固定，自适应性强，更容易适应动态变化的环境。仿真实验验证了 ADC 策略的有效性。在多参数环境下，ADC 算法具有最低的请求截止期错失率和较高的带宽节省率。

第八章　基于网络编码技术的缓存信息管理方案

第一节　研究动机

以往研究表明，网络编码技术能够明显提高服务器的广播能力并减少请求响应时间[1,2]。但是，数据广播环境中网络编码的效率很大程度上依赖于请求客户端所缓存的数据项。由于客户端的缓存管理会影响其缓存内容，这反过来决定客户端将请求什么数据项到服务器；客户端缓存替换策略在编码辅助数据广播系统中起着重要作用。事实上，客户端缓存替换策略是影响网络编码效率和数据广播系统整体性能的主要因素之一。

LRU 是一种经典的缓存替换策略，它基于局部性原则做出替换决策。在传统的数据广播环境中，LRU 在保持最近请求的数据项缓存并减少频繁请求数据项的访问时间方面是有效的。因此，可以减少总体响应时间。然而，在编码辅助数据广播环境中，仅考虑数据访问模式可能不会有效。LRU 和其他现有缓存替换策略的缺陷是它们不在替换决策中考虑编码机制。下面分析缓存管理问题并给出几点分析，这为本章的算法设计提供了若干见解。

(1)在编码辅助数据广播环境中，由服务器做出的编码决策基于客户端缓存内容。如果客户端可以成功从解码数据包中解码请求的数据，客户端必须在其缓存中存储除请求外的编码数据包中的所有数据项。本书把这个条件称为解码规则，这也意味着服务器已经有关于客户端缓存内容的知识，基于这些知识更多的编码决策将在不久的将来出现。所以，这些数据项应保存在缓存中，因为它们可以再次用于解码。已存在缓存中且被用于对编码数据包进行解码的数据项对客户端成功获得请求的数据项有重要意义，它们作出的贡献称为解码贡献。反之，如果缓存的数据项没有任何解码贡献，很有可能服务器不知道它存在客户端的缓存中，因此，做编码决策不对其进行考虑，换句话说，这个数据项不太可能在未来被用于解码。根据解码规则，具有解码贡献的数据项在缓存中与被频繁访问的数据项一样重要。但是，LRU只是删除缓存中最近没有被访问过的数据项而不考虑其解码贡献。这种方式在融合网络编码技术的信息服务系统中很难具备较高的效率，因为它无法有效利用网络编码技术的优势，也无法保证留在缓存中的数据能最大限度地解码服务器发送的编码

① Chen J，Lee V，Liu K，et al. Efficient processing of requests with network coding in on-demand broadcast environments. Information Sciences，2013，232：27-43.

② Chu C，Yang D，Chen M. Malti-data delivery based on network coding on-demand broadcast. Proceeding of the 9th International Conference on Mobile Data Management，2008：181-188.

数据包，因此失去了进一步提升信息广播系统服务效率的优势。

(2)在很多移动应用中，客户端可能会有相同的兴趣，从而具有相似的数据访问模式。在传统数据广播环境下，单个客户端很难发现所有兴趣相同的客户端在给出本地缓存替换决策时数据访问模式的全局视图，然而，在编码辅助数据广播系统中有可能让客户端获得所有数据项访问模式的全局视图，因为由服务器广播的编码数据包内的数据一定由被客户端请求的和被客户端缓存的数据项组成。如前所述，解码规则指定客户端必须在其缓存中保存编码数据包中所有的数据项除了请求的那一个，这样才能成功解码所请求的数据项。此条件适用于所有可以成功解码编码数据包数据的客户端。也就是说，这些客户端最近向服务器请求过编码数据包里面的大部分数据项，因此，编码数据包里面的数据项现在都保存在客户端的缓存中。现在客户端正在请求的数据项是唯一一个在编码数据包中出现且不在它缓存中的数据。换言之，这些客户端之间利益共享。因此，编码数据包中的数据项能反映客户端的全局数据访问模式。在同一兴趣小组内，缓存数据项的解码贡献不仅显示了哪些数据项已被用于从编码数据包中解码所请求的数据项，而且还显示了哪些数据项已被同一兴趣小组内的其他客户端访问。因此，从全局数据访问模式来考虑，客户端缓存继续保存那些具有解码贡献的数据项对其降低客户端请求的响应时间是有好处的，以期望这些数据项很快被移动应用再次访问。

(3)缓存管理中通常假设客户端只缓存它们请求的数据项[1]~[3]，这在传统的数据广播环境中是有道理的，因为缓存任何未请求的数据项没有价值。然而，如前所述，个别客户端可以从编码数据包中观测到全局数据访问模式。因此，当客户端从编码数据包中解码到未被客户端请求的数据项时，保存这些数据项对于提升信息广播服务的效率是有好处的，以期望这些未被请求的数据项会被客户端再次访问。

(4)本书第六章对客户端的解码概率进行了理论分析。研究结果证实，随机替换客户端缓存的数据项会导致很低的解码概率，最终导致客户端无法获得自己需要的数据项，使服务延迟或失败。因此，当缓存规模有限时，设计一个有效的缓存替换策略以增加解码概率并提高整体系统性能是必要的。

总之，本章的目标是设计基于客户端网络编码感知的缓存管理方案，这是对融合网络编码技术的信息广播服务研究的有利补充。希望本章提出的缓存管理策略与服务器端的编码调度策略一起运作来进一步改进系统的整体性能。

---

① Birk Y, Kol T. Coding on demand by an informed source(ISCOD) for efficient broadcast of different supplemental data to caching clients. IEEE/ACM Transactions on Networking, 2006, 14：2825-2830.

② Chen J, Lee V, Zhan C. Efficient processing of real-time multi item requests with network coding in on-demand broadcast environments. Proceedings of the 15th IEEE International Conference on Embedded and Real-Time Computing Systems and Applications, 2009: 119-128.

③ Chu C, Yang D, Chen M. Multi-data delivery based on network coding in on-demand broadcast. Proceedings of the 9th International Conference on Mobile Data Management, 2008: 181-188.

第二节　面向解码信息的缓存信息管理方案

一、DLRU 算法相关定义与描述

本节针对融合网络编码技术的信息广播环境提出客户端缓存信息管理方案，基于解码的最少近期使用(decoding-based least recent used，DLRU)算法。DLRU 算法是一种网络编码感知的缓存信息管理方案，它由缓存访问控制策略和缓存替换策略组成。DLRU 算法对数据访问时间进行重新定义，并结合数据访问和解码贡献等因素来指导缓存替换决策的提出。

在详细阐述 DLRU 算法方案的实施过程之前，首先给出如下相关定义。

定义 8.1　令 $E = \{d_{\omega^i(1)}, d_{\omega^i(2)}, \cdots, d_{\omega^i(|E|)}\}$ 为编码数据包中包含的数据项集。

定义 8.2　令 $\mathrm{DS}_i = \{d_{\tau^i(1)}, d_{\tau^i(2)}, \cdots, d_{\tau^i(|E|)}\}$ 为客户端 c_i 的解码贡献集合，它是客户端 c_i 的缓存数据项集 S_i 和 E 的交集。如果 $|E| - |\mathrm{DS}_i| = 1$，客户端 c_i 可以从编码数据包中成功解码出一个数据项，且 $|\mathrm{DS}_i|$ 表示有解码贡献的数据项的数量，$0 \leqslant |\mathrm{DS}_i| \leqslant |S_i|$。注意到有 $1 \leqslant \tau^i(\varepsilon) \leqslant N$，$1 \leqslant \varepsilon \leqslant |\mathrm{DS}_i|$。客户端在给出每个缓存替换决策后，$\mathrm{DS}_i$ 被重设为空值。

定义 8.3　令 $\mathrm{RtvData}_i$ 为客户端 c_i 成功从编码数据包 E 中解码出来的数据项，有 $\mathrm{RtvData}_i = E - \mathrm{DS}_i$。

众所周知，缓存管理方案的关键任务是提供有效的缓存访问控制策略和缓存替换策略。缓存访问控制策略用于确定接收的数据项是否应该被缓存；缓存替换策略则是在缓存空间已满时，在当前缓存信息中选择合适的数据项与新获得的数据项进行替换。直观来看，考虑数据项的访问时间可以将最近被请求的数据项保留在缓存中，这能有效减少被频繁请求的数据项的访问时间。此外，正如本章第一节中所讨论的，为了提高网络编码的效率，有解码贡献的数据项也应该被保留在缓存中。因此，本节从数据项的解码贡献角度重新定义数据访问时间。

定义 8.4　令 $\mathrm{AccessTm}_{d_k}^i$ 为客户端 c_i 缓存的数据项 d_k 的访问时间。一个被存储在客户端缓存中的数据项只要满足下列条件中的其一，就被视为已获得访问。

(1)客户端 c_i 请求访问的数据项 d_k 正好存储其缓存中，此时，$\mathrm{AccessTm}_{d_k}^i$ 为客户端发出查询请求的时间。

(2)存储在客户端缓存中的数据项 d_k 被用于解码编码数据包 E，即 $d_k \in \mathrm{DS}_i$，此时，$\mathrm{AccessTm}_{d_k}^i$ 为解码编码数据包 E 的时间。

DLRU 算法的缓存访问控制策略较为严格，只允许客户端存储已向服务器发出请求且从广播的编码数据包中成功解码的数据项。任何成功获得解码，但并非

客户端主动请求的数据项都不被允许存储在缓存中。DLRU 算法缓存替换策略的主要思想是从缓存中移除在最长时间内未被访问过的数据项，并将客户端主动请求且成功解码的数据项插入缓存中。换句话说，DLRU 算法移除缓存中具有最早 AccessTm 的数据项。根据上面的讨论，被移除的数据项应该是最不可能被客户端请求或在不久的将来被用于解码的数据项。

二、DLRU 算法描述与实例分析

1. DLRU 算法描述

与前两章不同，DLRU 算法仅在客户端实施，DLRU 算法的伪代码如下。

DLRU 算法伪代码

1. 客户端接收一个要求访问 d_k 的查询
2. //更新 d_k 的访问时间
3. **if** $d_k \in Q_i$ ， $d_k \in S_i$ **then**
4. 　　$\text{AccessTm}^i_{d_k} \leftarrow \text{CurrentTime}$
5. **end if**
6. 当服务器广播编码数据包 E 后
7. //根据编码数据包 E 确定解码贡献集合 DS
8. $\text{DS}_i \leftarrow \varnothing$
9. $\text{RtvData}_i \leftarrow -1$
10. **for** 每个 $d_j \in E$ **do**
11. 　　**if** $d_j \in S_i$ **then**
12. 　　　　$\text{DS}_i \leftarrow \text{DS}_i + d_j$
13. 　　**end if**
14. **end for**
15. //如果被解码出的数据项正好是客户端请求访问的数据项，则更新 DS 中所有数据项的访问时间
16. **if** $|E| - |\text{DS}_i| = 1$ **then**
17. 　　$\text{RtvData}_i \leftarrow E - \text{DS}_i$
18. 　　**if** $\text{RtvData}_i \notin Q_i$ **then**
19. 　　　　exit
20. 　　**else**
21. 　　　　**for** 每个 $d_j \in \text{DS}_i$ **do**
22. 　　　　　　$\text{AccessTm}^i_{d_j} \leftarrow \text{CurrentTime}$
23. 　　　　**end for**
24. 　　//当客户端缓存空间满时，执行缓存替换
25. 　　//找出访问时间最早的数据项
26. 　　$d_{\text{earliest}} \leftarrow \{d_j \mid d_j \in S_i \text{且} \min_{1 \leqslant j \leqslant N} \text{AccessTm}^i_{d_j}\}$
27. 　　//从客户端缓存中移除访问时间最早的数据项，将成功解码的数据项插入缓存中
28. 　　$S_i \leftarrow S_i - d_{\text{earliest}}$
29. 　　$S_i \leftarrow S_i + \text{RtvData}_i$
30. 　　$\text{AccessTm}^i_{\text{RtvData}_i} \leftarrow \text{CurrentTime}$
31. 　　**end if**
32. **end if**

---

2. DLRU 算法实例分析

为了帮助理解 DLRU 算法的流程，下面给出一个信息广播系统的实例。考虑一个信息广播系统拥有一个服务器和四个客户端。每个客户端暂时存储了三个数据项，并对一个数据项发出查询请求。假设客户端的缓存规模为 3，此时所有客户端的缓存空间已满，另外还记录了缓存中存储的每个数据项的最近访问时间。客户端的缓存与数据请求信息如表 8.1 所示。

表 8.1　客户端的数据请求和缓存信息

客户端	缓存的数据项	最近访问时间	请求的数据项
c_1	d_2, d_3, d_4	2, 1, 2	d_1
c_2	d_1, d_2, d_5	1, 1, 2	d_2
c_3	d_1, d_5, d_6	1, 2, 1	d_3
c_4	d_3, d_4, d_6	1, 2, 1	d_2

假定服务器广播的编码数据包为 $E = d_1 \oplus d_2$，它在时刻 3 抵达客户端。客户端 c_1 使用其缓存数据项 d_2 从 $d_1 \oplus d_2$ 中解码出 d_1，客户端 c_2 利用其缓存数据项 d_1 从 $d_1 \oplus d_2$ 中解码出 d_2。尽管 c_3 也可以从编码数据包中成功解码 d_2，但它并没有请求 d_2，因而它没有必要去解码该编码数据包。c_4 无法通过目前缓存的数据项成功解码广播的编码数据包。根据 DLRU 算法的流程，解码后需要对缓存内用于解码的相关数据项的最近访问时间进行更新。所以，根据 DLRU 算法中关于访问时间定义对数据项进行更新后，客户端 c_1 缓存数据项 d_2 的 $\text{AccessTm}_{d_2}^1 = 3$，客户端 c_2 缓存数据项 d_1 的 $\text{AccessTm}_{d_1}^2 = 3$。为了进行缓存替换，$c_1$ 从 S_1 中移除 d_3，因为它有最早的访问时间，并将解码得到的 d_1 插入 S_1；同样，c_2 从 S_2 中移除 d_3 并将解码得到的 d_2 插入 S_2。客户端 c_3 和 c_4 没有对编码数据包进行解码，其缓存信息与数据项的最近访问时间没有发生更新。因此，各个客户端在接收了广播的编码数据包之后，缓存数据项及数据项的最近访问时间发生的更新如表 8.2 所示。

表 8.2　接收编码数据包 E 后客户端的更新缓存信息

客户端	缓存的数据项	最近访问时间	请求的数据项
c_1	d_1, d_2, d_4	2, 3, 2	d_1（获得服务）
c_2	d_1, d_3, d_5	3, 1, 2	d_2（获得服务）
c_3	d_1, d_5, d_6	1, 2, 1	d_3（未获得服务）
c_4	d_3, d_4, d_6	1, 2, 1	d_2（未获得服务）

第三节　面向分类存储和编码及解码信息的缓存信息管理方案

一、DLRU-CP 算法相关定义与描述

尽管 DLRU 算法在进行缓存替换决策时考虑解码贡献，其缓存访问控制策略依然遵循传统假设，即只允许客户端存储其提出查询的数据项。然而，之前的讨论显示存储成功解码的且未被客户端请求的数据项可能对提升信息广播服务效率有帮助。从全局数据访问模式看，被成功解码的数据项可能会很快被客户端应用请求，对这类数据项进行存储能提高缓存的命中率。因此，本节将 DLRU 算法扩展为面向解码的分类存储缓存管理方案 DLRU-CP 算法。这种缓存管理方案的核心观点是放松缓存访问控制，因而对于一个客户端，请求的和未被请求的数据项都可以存储在缓存中。客户端必须对这两类数据项进行分类存储，因此缓存空间被划分为两个部分，分别对应存储这两类不同性质的数据项。在详细阐述 DLRU-CP 算法之前，先给出如下相关定义。

定义 8.5　令 P 为缓存分区参数，它表示对整个缓存空间的划分，有 $0 < P \leqslant 1$。当 $P = 1$ 时，客户端缓存空间不存在分区，此时客户端只允许缓存被请求的数据项。当 $0 < P < 1$ 时，客户端用于存储被请求数据项的缓存空间为 $|S_i| \times P$，用于存储未被请求的数据项的缓存空间为 $|S_i| \times (1 - P)$，其中，S_i 是客户端 c_i 的缓存数据项集，$|S_i|$ 表示客户端的缓存规模。

定义 8.6　令 $S_i^1 = \{d_{\alpha^i(1)}, d_{\alpha^i(2)}, \cdots, d_{\alpha^i(|S_i^1|)}\}$ 为客户端 c_i 的一个缓存数据项集，它是 S_i 的一个子集。S_i^1 只存储客户端 c_i 请求的数据项，即 $|S_i^1| = P|S_i|$。注意到 $1 \leqslant \alpha^i(\varepsilon) \leqslant N$，$1 \leqslant \varepsilon \leqslant |S_i^1|$。

定义 8.7　令 $S_i^2 = \{d_{\alpha^i(1)}, d_{\alpha^i(2)}, \cdots, d_{\alpha^i(|S_i^2|)}\}$ 为客户端 c_i 的一个缓存数据项集，它是 S_i 的一个子集。S_i^2 只存储客户端 c_i 未请求的数据项，即 $|S_i^2| = (1 - P) \times |S_i|$。注意到 $1 \leqslant \alpha^i(\varepsilon) \leqslant N$，$1 \leqslant \varepsilon \leqslant |S_i^2|$。

定义 8.8　令 $\mathrm{StorageTm}_{d_k}^i$ 为客户端 c_i 将解码出的数据项 d_k 插入其缓存的时刻。

运用缓存分区参数 P，整个缓存空间被划分为两个分区，记为 S_i^1 和 S_i^2。S_i^1 占用客户端缓存空间的 $P \times 100\%$，这部分空间用于存储可解码且被客户端请求的数据项；S_i^2 占用缓存空间的 $(1 - P) \times 100\%$，这部分用于存储可解码且未被客户端请求的数据项。两个分区之间存在平衡，一方面，正如本章所讨论的，运用更多的缓存空间来存储未被请求的数据项可以提高缓存命中率和改善请求响应时间。另

一方面，减少存储被请求数据项的缓存空间会降低缓存命中率，导致请求响应时间增大。因此，选择一个合适的缓存分区参数对提高整体性能非常关键。在 S_i^1 中，8.2 节提出的缓存替换方案 DLRU 算法用于选择需要移除的数据项，并将客户端请求的数据项插入缓存中。S_i^2 中使用的缓存管理方案与 S_i^1 完全不同，在 S_i^2 中使用 FIFO 策略进行缓存替换。由于 8.2 节关于数据项访问时间的定义（定义 8.4）不适用于未被请求的数据项，所以客户端对于 S_i^2 中每一个被存储的数据项记录了其被缓存的时间 $\text{StorageTm}_{d_k}^i$。根据 FIFO 策略的思想，在每次缓存替换决策点，首先从缓存中移除拥有最早 $\text{StorageTm}_{d_k}^i$ 的缓存数据项，然后将成功解码且未被请求的数据项插入 S_i^2。

二、DLRU-CP 算法描述及实例分析

1. DLRU-CP 算法描述

与 DLRU 算法相同，DLRU-CP 算法仅在客户端实施，DLRU-CP 算法的伪代码如下。

DLRU-CP 算法伪代码

1. 客户端接收一个要求访问 d_k 的查询
2. //如果 d_k 已存储于 S_i^1，更新 d_k 的访问时间
3. **if** $d_k \in Q_i$，$d_k \in S_i^1$ **then**
4. 　　 $\text{AccessTm}_{d_k}^i \leftarrow \text{CurrentTime}$
5. **end if**
6. //如果 d_k 已存储 S_i^2，将 d_k 从 S_i^2 移除，将其插入 S_i^1，并更新 d_k 的访问时间
7. **if** $d_k \in Q_i$，$d_k \in S_i^2$ **then**
8. 　　 //在 S_i^1 中找出访问时间最早的数据项
9. 　　 $d_{\text{earliest}} \leftarrow \{d_j \mid d_j \in S_i^1 \text{ 且 } \min\limits_{1 \leqslant j \leqslant N} \text{AccessTm}_{d_j}^i\}$
10. 　　 //从 S_i^1 中移除访问时间最早的数据项，将 d_k 插入 S_i^1
11. 　　 $S_i^1 \leftarrow S_i^1 - d_{\text{earliest}}$
12. 　　 $S_i^1 \leftarrow S_i^1 + d_k$
13. 　　 $S_i^2 \leftarrow S_i^2 - d_k$
14. 　　 $\text{AccessTm}_{d_k}^i \leftarrow \text{CurrentTime}$
15. **end if**
16. 　　 广播编码数据包 E 之后
17. 　　 确定编码数据包的解码贡献集 DS（参照 DLRU 算法的过程）
18. 　　 如果客户端 c_i 可以从编码数据包中成功解码一个数据项 RtvData_j，则更新 DS 集合中每个数据项的访问时间（参照 DLRU 算法的过程）
19. 　　 //如果被成功解码的数据项是客户端请求的数据项且 S_i^1 空间已满，则对 S_i^1 执行缓存数据项替换

---

20.   **if** $RtvData_i \in Q_i$ **then**

21. $d_{earliest} \leftarrow \{d_j \mid d_j \in S_i^1 \text{且} \min_{1 \leqslant j \leqslant N} AccessTm_{d_j}^i\}$

22. $S_i^1 \leftarrow S_i^1 - d_{earliest}$

23. $S_i^1 \leftarrow S_i^1 + RtvData_i$

24. $AccessTm_{RtvData_i}^i \leftarrow CurrentTime$

25.   **end if**

26.   //如果被成功解码的数据项不是客户端请求的数据项且 S_i^2 空间已满，则对 S_i^2 执行缓存数据项替换

27.   **if** $RtvData_i \neq -1$，$RtvData_i \notin Q_i$ **then**

28. $StorageTm_{RtvData_i}^i \leftarrow CurrentTime$

29.   //在 S_i^2 中找出 StorageTm 最早的数据项

30. $d_{earliest} \leftarrow \{d_j \mid d_j \in S_i^2 \text{且} \min_{1 \leqslant j \leqslant N} StorageTm_{d_j}^i\}$

31.   //从 S_i^2 中移除 StorageTm 最早的数据项，并将成功解码的未被请求的数据项插入 S_i^2

32. $S_i^2 \leftarrow S_i^2 - d_{earliest}$

33. $S_i^2 \leftarrow S_i^2 + RtvData_i$

34.   **end if**

2. DLRU-CP 算法分析

为了帮助理解 DLRU-CP 算法的流程，下面给出一个信息广播系统实例。考虑一个信息广播系统拥有一个服务器和四个客户端，每个客户端暂时存储了三个数据项，并对一个数据项发出查询请求。假设客户端的缓存规模为 3，$P = 2/3$，因此，每个缓存存储两个被请求的数据项和一个未被请求的数据项，此时所有客户端的缓存空间已满，另外还记录了缓存中存储的每个数据项的最近访问时间。客户端的缓存与数据请求信息如表 8.3 所示。

表 8.3　客户端数据请求和缓存信息

客户端	缓存的数据项	最近访问时间	请求数据项
c_1	$d_2, d_3, d_4^{non\text{-}requested}$	2，1，2	d_1
c_2	$d_1, d_3, d_5^{non\text{-}requested}$	1，1，2	d_2
c_3	$d_1, d_5, d_6^{non\text{-}requested}$	1，2，1	d_3
c_4	$d_3, d_4, d_6^{non\text{-}requested}$	1，2，1	d_2

假定服务器广播的编码数据包为 $E = d_1 \oplus d_2$，它在时刻 3 抵达客户端。客户端 c_1 使用其缓存数据项 d_2 从 $d_1 \oplus d_2$ 中解码出 d_1，客户端 c_2 利用其缓存数据项 d_1 从 $d_1 \oplus d_2$ 中解码出 d_2，c_3 从编码数据包中成功解码 d_2，c_4 无法通过目前缓存的数据项成功解码广播的编码数据包。根据 DLRU 算法的流程，解码后需要对缓

存中用于解码的相关数据项的最近访问时间进行更新，然后对缓存进行更新。所以，根据 DLRU 算法中关于访问时间定义对数据项进行更新后，客户端 c_1 缓存数据项 d_2 的 $\text{AccessTm}_{d_2}^1 = 3$，客户端 c_2 缓存数据项 d_1 的 $\text{AccessTm}_{d_1}^2 = 3$，客户端 c_3 缓存数据项 d_2 的 $\text{AccessTm}_{d_2}^3 = 3$。为了进行缓存替换，$c_1$ 从 S_1^1 中移除 d_3，因为它有最早的访问时间，并将解码得到的 d_1 插入 S_1^1，更新后的缓存信息为 $S_1^1 = \{d_1, d_2\}$ 和 $S_1^2 = \{d_4\}$；同样，c_2 从 S_2^1 中移除 d_3 并将解码得到的 d_2 插入 S_2^1，更新后的缓存信息为 $S_2^1 = \{d_1, d_2\}$ 和 $S_2^2 = \{d_5\}$。客户端 c_3 从 S_3^2 中移除 d_6，并将解码得到 d_2 插入 S_3^2，更新后的缓存信息为 $S_3^1 = \{d_1, d_{25}\}$ 和 $S_3^2 = \{d_2\}$。c_4 没有对编码数据包进行解码，其缓存信息与数据项的最近访问时间没有发生更新。因此，各个客户端在接收了广播的编码数据包之后，缓存数据项及数据项的最近访问时间发生的更新如表 8.4 所示。

表 8.4 更新后的客户端请求与缓存信息

客户端	缓存的数据项	最近访问时间	请求数据项
c_1	$d_1, d_2, d_4^{\text{non-requested}}$	2，3，2	d_1（已获得服务）
c_2	$d_1, d_2, d_5^{\text{non-requested}}$	3，1，2	d_2（已获得服务）
c_3	$d_1, d_5, d_2^{\text{non-requested}}$	1，2，3	d_3（未获得服务）
c_4	$d_3, d_4, d_6^{\text{non-requested}}$	1，2，1	d_2（未获得服务）

第四节 缓存信息管理策略仿真与性能分析

一、仿真模型与评估指标

1. 仿真模型

本节实施一系列详细的实验来评估信息服务系统的表现，实验运用 CSIM[①]中描述的仿真模型。该模型在第三章仿真模型的基础上构建而成，主要参数及其设置在表 8.5 中进行展示。除非特别说明，否则实验会使用这些默认值来实施。

---

① Schwetman H. CSIM Guides(version 19). USA：MCC Corporation，2001.

表 8.5　系统参数设置

参数	默认值	值域	描述
f	0.1	0.05~2	请求到达速度控制参数
NUMCLIENT	300	100~500	客户端数量
DBSIZE	1000	800~1400	数据库中的数据项数量
CACHESIZE	80	30~150	每个客户端存储的最大数据项数量
θ	0.8	0~1.0	Zipf 分布偏斜参数
P	0.9	0.6~1.0	缓存分区参数

每个客户端由一个生成请求流的进程来模拟。仿真模型中用户请求到达时间间隔服从指数分布，每个客户端发送请求的时机由指数分布函数决定。通过参数 f 改变客户端的两个连续用户请求到达时间间隔来控制用户请求的到达速度。f 值越大，意味着两个连续请求之间的间隔时间越短，用户请求到达服务器的速度越大，因而系统负载越大。数据访问模式由 Zipf 分布[①]来模拟，其数据访问的偏斜由参数 θ 控制，其中 $0 \leqslant \theta \leqslant 1$。客户端在下行广播信道上等待接收广播的信息。基于相应的缓存访问控制和缓存替换策略，客户端从其本地缓存中移除不需要的数据项，并将成功解码的数据项放入缓存中。

服务器由另一个进程模拟，用于处理客户端提交的请求并产生编码数据包进行广播。服务器的信息广播调度方案采用第七章第二节的信息广播调度方案 ADC-1 算法，即在数据调度阶段使用著名的 RXW[②] 调度算法，编码阶段使用编码策略 AC 生成广播的编码数据包。

2. 评估指标

根据本书第三章方法论的阐述，测试融合网络编码技术的信息广播系统中缓存管理的效果主要使用三个主要的评价指标。

(1)平均响应时间。该指标测量客户端产生查询的平均响应时间。这与第七章的请求平均响应时间定义不同。查询不仅包含客户端发送给服务器的明确请求，还包括客户端应用产生的查询(这类查询能在客户端缓存中找到自己需要的数据项，因此这类查询没有被生成明确的请求并发送给服务器)。该指标是评估信息广播系统整体性能的重要标准。当服务器端的信息广播调度策略固定不变时，该指

---

① Zipf G K. Relative frequency as a determinant of phonetic change. Harvard Studies in Classical Philology，1929，40：1-95.

② Aksoy D，Franklin M. RXW：A scheduling approach for large-scale on-demand data broadcast. IEEE/ACM Transactions on Networking(TON)，1999，7(6)：846-860.

标在很大程度上反映了客户端缓存管理的效率。

（2）解码率。解码率测量客户端从广播的编码数据包中成功解码出自己请求的数据项的概率为

$$解码率 = \frac{\sum_{i=1}^{Number\ of\ Clients} \dfrac{DecodeNum_i}{EnpckNum_i}}{Number\ of\ Clients} \times 100\%$$

其中，$DecodeNum_i$ 表示可以被客户端 c_i 成功解码的请求的数据项数量，$EnpckNum_i$ 为包含客户端 c_i 请求的数据项的解码包数量。该度量指标用来评估网络编码技术辅助的信息广播系统中客户端的解码效率。缓存管理方案决定了客户端缓存内存储的信息，从而决定了客户端是否能从服务器广播的编码数据包中成功解码其请求的数据项，因此，使用解码率来评价融合网络编码技术的信息广播系统中客户端缓存管理方案的有效性是可取的。

（3）命中率。命中率是评估缓存替换策略性能的常用度量工具，缓存管理的主要目标是增加命中率。在本节的系统中若请求的数据项可以在缓存中找到，响应时间被认为是可以忽略的。因此，信息广播系统的总体性能与缓存命中率高度相关。

二、实验结果及分析

在对基于请求的信息服务广播仿真系统作了深入细致研究的基础上，本节呈现多种缓存管理算法的性能分析结果。以下所有实验结果都在系统处于稳定状态且仿真置信程度达到 0.95、半宽小于 5% 时获得。

为了便于比较，本节还对高速缓存替换策略 LRU、RLFU、LRS 和 BL 算法进行了实施。LRU[1][2]算法是一种常用高速缓存替换策略。RLFU[3]算法是最近提出的最为有效的缓存替换策略之一，它结合了随机策略和基于频次策略的优点。在 RLFU 算法中，每个客户端随机缓存来自数据库中 top-$\tilde{m}$ 个最受欢迎的数据项，其中 $\tilde{m}$ 的理论最优值取决于全局访问模式。以往研究结果表明，RLFU 算法的性能远优于 LFU[4]算

① Abrams M，Standridge C R，Abdulla G，et al. Caching proxies: Limitations and potentials. Blacksburg: Virginia Polytechnic Institute and State University，1995.

② Menaud J M，Issarny V，Banâtre M. Improving the effectiveness of Web caching. Advances in Distributed Systems，2000：375-401.

③ Ji M，Tulino A M，Llorca J，et al. Order-optimal rate of caching and coded multicasting with random demands. IEEE Transactions on Information Theory，2017，63（6）：3923-3949.

④ Ji M，Tulino A M，Llorca J，et al. On the average performance of caching and coded multicasting with random demands. Proceedings of the 11th International Symposium on Wireless Communications Systems，2014：922-926.

法。本节根据 RLFU 算法来设置 $\tilde{m}$ 的值。LRS[①]算法是另一种竞争性缓存替换策略，它是最近由 Pedarsani 等研究提出的，其详细思想在第一章文献综述中已阐述。LRS 算法从用户请求的全局视角思考缓存替换原则，以往实验结果证明 LRS 算法比 LRU 算法效果更好。BL 算法是一种基线算法，用于展示系统的性能，其仅考虑缓存中的数据访问模式。在 BL 算法中，客户端缓存信息的初始化使用一组拥有最高访问概率且固定的数据项来代替。在整个信息广播系统运行过程中，缓存信息不发生任何变化，不仅新解码的数据项不会插入缓存中，也不会删除任何已存储在缓存中的数据项。换句话说，在 BL 算法中每个客户端缓存的内容自始至终保持不变。由于所有客户端存储同一组数据项(具有最高访问概率)，服务器无法根据这样的缓存内容进行编码设计，所以使用 BL 算法后，服务器只能广播未编码的单个数据项。下面从缓存规模、缓存分区参数、系统负载、数据访问模式四个方面来测试和分析各算法的性能。

1. 缓存规模的影响

以下实验结果分析了不同缓存规模下 LRU、RLFU、LRS、DLRU 和 BL 算法的性能。与预期一致，当缓存规模增大时各个算法的性能均获得不同程度的提升，如图 8.1 所示，缓存管理方案的效率对网络编码技术辅助的数据广播环境的性能有很大影响。

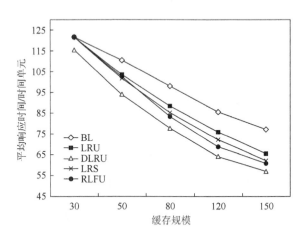

图 8.1 不同缓存规模下各算法的平均响应时间

图 8.1 展示了各个缓存管理方案的平均响应时间。与 BL、LRU、RLFU 和 LRS 算法相比，本书提出的 DLRU 算法具有最短平均响应时间。图 8.2 通过比较 LRU、

① Ramtin P，Mohammad A M，Urs N. Online coded caching. Proceedings of the 2014 IEEE International Conference on Communications，2014：1878-1883.

RLFU、LRS 和 DLRU 算法的解码率,进一步展示了客户端解码编码数据包的能力。BL 算法不包括在内,因为如上所述,BL 算法的缓存管理方式决定了它不能使用网络编码技术对数据进行编码,只能单独对数据项进行广播,它不存在数据解码的问题。当缓存规模增大时,所有缓存管理方案解码率提高。这意味着拥有较大缓存空间有利于客户端成功解码更多的编码数据包。如图 8.2 所示,DLRU 算法的解码率远高于 RLFU、LRS 和 LRU 算法。这验证了本章第一节的第一个研究动机,即在网络编码技术辅助的信息广播系统中,做出缓存替换决策时考虑解码信息对于提升客户端的解码效率是有效的。在缓存的数据项中,给予有助于解码的数据项较高的优先权将其保留在缓存中,能显著增加客户端成功解码编码数据包的机会。

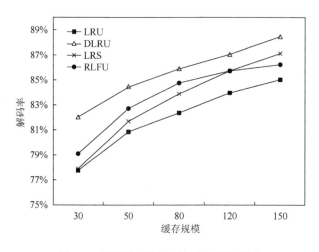

图 8.2　不同缓存规模下各算法的解码率

　　图 8.3 展示了缓存管理方案的命中率。BL 算法中客户端在缓存中存储具有最高访问概率的数据项。所以,BL 算法拥有最高数据项命中率并不奇怪。然而,命中率的增加不能补偿服务器服务请求所花费的时间损失,所以,BL 算法不使用网络编码技术改善服务效率,最终导致了它的平均响应时间表现最差,如图 8.1 所示。在缓存管理方案中,当缓存规模较小时,DLRU 算法的命中率接近 BL 算法(即小于 80%);当缓存规模增大时,RLFU 算法的命中率显著增加并接近 BL 算法。在 RLFU 算法中,客户端选择缓存数据库中 top-$\tilde{m}$ 个最受欢迎的数据项。因此,当缓存规模增大时,有可能拥有一个更高的命中率。这个结果证实了本章第一节所述的第二个研究动机,即在做缓存替换决策时利用全局数据访问的模式对于提升信息广播服务系统的效率是有效的。在缓存中保存已被相同兴趣组中的其他客户端访问的数据项有助于提高各个客户端缓存数据的命中率。

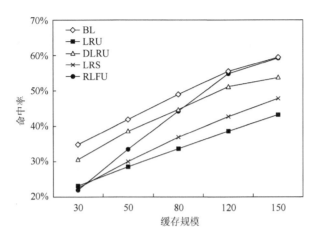

图 8.3　不同缓存规模下各算法的命中率

2. 缓存分区参数的影响

以下实验结果用于评估在网络编码技术辅助的信息广播系统中缓存分区的有效性。本节研究不同缓存分区参数值对缓存分区机制功能的影响，并为随后的实验确定适当的分区参数值。

图 8.4 为不同缓存分区参数值下缓存管理方案的平均响应时间。对于 DLRU-CP 算法，当 P 增加时，客户端会分配更多的缓存空间来存储所请求的数据项和较少的缓存空间来存储未被请求的数据项。当 $P=1$ 时，整个缓存空间都用于存储被请求的数据项，未被请求的数据项不能放入缓存中。换句话说，当 $P=1$ 时，DLRU-CP 算法能代表 DLRU 算法，它们之间没有区别。DLRU 算法内不存在任何缓存分区，整个缓存分区参数的变化不会影响它的结果，所以结果呈现出一条水平线。结果显示，DLRU-CP 算法的性能表现为凹陷形状，而且图形的大部分低于 DLRU 算法的水平线。这验证了关于平衡缓存各个分区大小的讨论。特别是当 P 从 1 减小到 0.9 时，客户端开始分类存储未请求的数据项，平均请求响应时间开始缩短。这个结果验证了存储未请求的数据项的潜在益处。但是，存储过多的未请求数据项占用了用于存储频繁访问的数据项的高速缓存空间。因此，当 P 从 0.9 进一步减小时，系统的整体性能开始下降。总体来说，当 P 等于 0.9 时，DLRU-CP 算法到达凹陷的最低点，此时缓存分区机制达到最好的效果。因此，本节在下面的实验中使用 $P=0.9$ 作为 DLRU-CP 算法的默认设置。

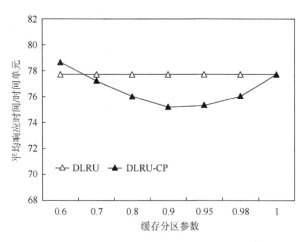

图 8.4　不同缓存分区参数值下各方案的平均响应时间

图 8.5 为在不同缓存分区参数值下的各缓存管理方案的命中率。DLRU-CP 算法的性能表现为凸形。它表示缓存适当数量的未请求的数据项可以帮助提高命中率。换句话说,这个结果验证了本章第一节所描述的第三个研究动机,即从编码数据包中观察到的全局数据模式是有用的,而且一些被成功解码且未被请求的数据项实际上很快得到了客户端的访问。

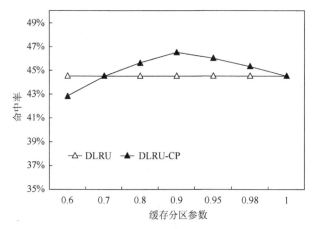

图 8.5　不同缓存分区参数值下各方案的命中率

3. 数据库规模的影响

识别出缓存分区参数的默认值后,本节比较 DLRU-CP 与 LRU、RLFU、LRS 和 BL 算法之间的表现。数据库规模增大时,数据访问将分布于更大数量级的数据项上,访问每个数据项的机会随之减小。因此,增加数据库规模不可避免地降低了缓存命中率，该现象在图 8.6 中可观测到。该图表明 DLRU-CP 算法的命中率优于 RLFU、LRS 和 LRU 算法，并且非常接近 BL 算法。以往研究[①]表明，随着数据库规模的增大，服务器广播的每个编码数据包内包含的数据项数目会减少。

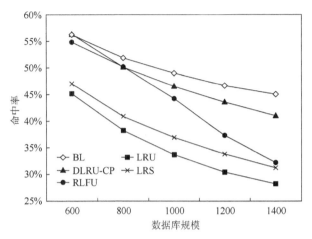

图 8.6　不同数据库规模下各方案的平均响应时间

　　客户端从编码数据包中成功解码出数据项的机会增大，因为解码数据项少的编码数据包更容易使客户端满足解码规则中陈述的条件。换句话说，当数据库规模增大时，客户端的解码能力将会提高，如图 8.7 所示。与其他缓存替换策略相比，DLRU-CP 算法在该图中显示出较高的解码率。正因为 DLRU-CP 算法的高命中率以及高解码率使它在平均响应时间方面表现最好，如图 8.8 所示。

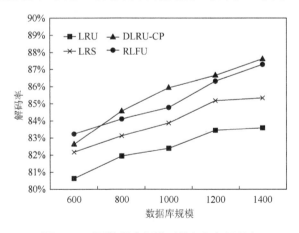

图 8.7　不同数据库规模下的各方案解码率

---

① Chen J，Lee V，Liu K，et al. Efficient processing of requests with network coding in on-demand data broadcast environments. Information Sciences，2013，232：27-43.

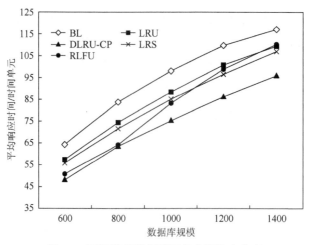

图 8.8　不同数据库规模下各方案的命中率

4. 系统工作负载的影响

下面系列图展示了在不同数量的客户端下的各个缓存管理方案的性能。更多数量的客户端向服务器发送请求意味着系统负载较大。当系统负载变大时，平均响应时间会增加，如图 8.9 所示。相比于其他方案，DLRU-CP 算法依然具有最佳表现。图 8.10 显示的结果反映出客户端的数量对客户端缓存的命中率没有影响，因为随着客户端数量的增加，所有方案的结果都近似于水平线。相反，当更多的客户端向服务器提交请求时，更多的编码机会可以被利用，更多的数据项将被编码到每个数据包[①]。这增加了客户端成功解码数据项的难度，从而导致解码率降低，

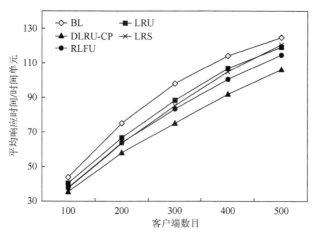

图 8.9　不同客户端数目下各方案的平均响应时间

---

① Chen J，Lee V，Liu K，et al. Efficient processing of requests with network coding in on-demand data broadcast environments. Information Sciences，2013，232：27-43.

如图 8.11 所示。尽管如此，DLRU-CP 算法相较于 LRU、RLFU 和 LRS 算法，其解码率依然表现最优。

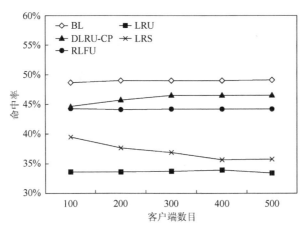

图 8.10 不同客户端数目下各方案的命中率

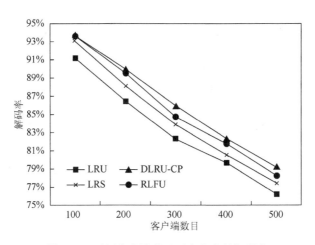

图 8.11 不同客户端数目下各方案的解码率

5. 数据访问模式的影响

下面系列图显示了不同数据访问模式下各个缓存管理方案的性能。当 θ 等于 0 时，数据访问模式遵循均匀分布且每个数据项具有相同的访问概率。数据访问模式随着 θ 的增加而发生更多的偏斜。当 θ 增加时，所有方案的平均响应时间减少，如图 8.12 所示。图 8.13 和图 8.14 显示当数据访问模式发生倾斜时，各方案的解码率和命中率都有提高，这有助于响应时间的改善。与之前的实验结果一致，各算法的表现在本轮实验中保持不变。

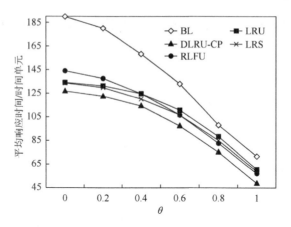

图 8.12　不同数据访问模式下各方案的平均响应时间

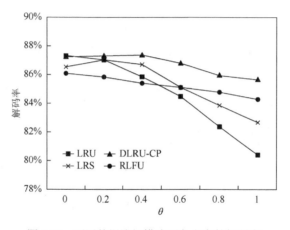

图 8.13　不同数据访问模式下各方案的解码率

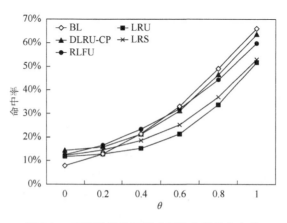

图 8.14　不同数据访问模式下各方案的命中率

第五节　小　　结

本章针对融合网络编码技术的信息广播服务环境，对客户端缓存信息管理方案进行深入研究。前面的章节已通过理论分析和实验验证了服务器对数据进行网络编码的效率能极大地影响信息服务的质量。本章通过分析网络编码与客户端缓存的关系，发现客户端缓存的内容直接影响网络编码的效率。因此，本章认为客户端缓存管理和服务器端的网络编码同等重要，且它们之间互相关联、互相影响，都是影响信息广播服务质量的重要因素。但是，现有的缓存替换策略在进行缓存替换时都未考虑利用解码信息。换句话说，目前为止，很少有研究联合考虑缓存管理与服务器编码过程的相互作用。本章分析了客户端利用缓存信息对服务器广播的编码数据包进行解码的过程，发现考虑解码贡献可能有助于提高解码率，从而提高网络编码的效率和提升信息服务的质量。利用全局数据访问模式，考虑存储一些能成功解码而未被请求的数据项可能有助于提高缓存的命中率，进而提高信息服务质量。根据这些研究动机，本章分别设计了两种网络编码感知的缓存管理方案，即 DLRU 和 DLRU-CP 算法。

DLRU 和 DLRU-CP 算法在做出高速缓存替换决策时都同时考虑数据访问和解码贡献，即在缓存管理中考虑了网络编码的相关信息，从而进一步把缓存管理与网络编码技术融合在一起。它们的区别在于采用不同的缓存访问策略。DLRU 算法只允许存储客户端发出请求且成功解码的数据项，而 DLRU-CP 算法放松了缓存访问的条件并允许客户端缓存可解码的当前未被请求的数据项，以便在具有共同利益的客户端之间利用全局数据访问模式来提高缓存命中率。另外，DLRU-CP 算法对缓存空间进行分区，整个缓存空间划分为两个分区，分别用于存储客户端请求的数据项和未被请求的数据项。最后本章通过仿真实验，比较提出的方案与以往经典缓存管理方案的表现。实验结果显示，本章提出的 DLRU 与 DLRU-CP 算法在多种参数环境下优于其他高速缓存管理方案，DLRU-CP 算法具有最好的整体表现。该结果不仅验证了对缓存空间进行分区的有效性，而且验证了本章第一节所提的三个研究动机。该缓存管理方案能有效提高网络编码辅助的信息广播服务系统的服务效率。

由于网络编码技术和缓存管理相互依赖，同时研究服务器端网络编码技术辅助广播策略和客户端缓存管理策略之间的协同作用，以进一步提高整体系统性能是融合网络编码技术的信息广播服务系统的下一个重要研究方向。

第九章　总结与展望

移动环境所特有的移动性和网络差别性给人们对信息的访问提出了挑战。随着移动智能设备的广泛普及，移动客户端应用对信息的需求快速增长，特别是对大量流媒体数据的需求不断增大，有限的网络带宽成了影响信息服务质量的最大矛盾。此时，移动环境信息广播服务问题面临前所未有的挑战。对信息广播服务问题进行系统地研究，有助于完善移动计算环境数据广播算法研究；有助于完善移动计算环境信息服务系统数据广播与缓存管理相关理论研究。通过深入分析及阐述移动计算环境信息服务系统各个核心环节理论构建、调度算法设计及优化问题，为其系统开发者提供理论指导、帮助他们拓展算法设计思路、优化数据广播调度算法以及缓存算法等。

移动计算环境的信息广播服务系统优化是一项复杂、各个环节关联性较强的任务。首先，因为信息广播服务系统处理的信息种类多样，没有针对所有类型数据的普适性数据调度方案，必须针对不同信息及其特征设计数据调度方案。其次，信息广播服务系统优化涉及两个不同主体，即服务器端的调度优化和客户端的缓存管理优化，因此其优化问题变得更为复杂。再次，为了进一步优化信息广播系统的服务效率，将网络编码技术引入信息广播系统中给信息的调度和存储带来诸多新的问题，这也进一步增加了信息处理的复杂性。

本书建立了一套信息广播服务系统优化的方法体系，较为完整地分析研究了移动计算环境信息服务系统的核心环节(数据广播与缓存信息管理)。不仅对数据广播系统的服务问题进行了理论建模，而且针对当前广播调度算法的缺陷，设计出了更符合当前移动终端需求和服务效率更高的信息请求与广播调度策略，为进一步优化信息服务系统奠定基础。本书从理论上分析了传统数据广播系统存在的带宽受限、服务能力不足的问题。

为了解决传统数据广播系统的研究瓶颈，本书从研究框架上突破了传统信息服务端假设的局限，构建了新的数据广播理论。通过对融合网络编码技术的信息广播系统进行数学建模，从理论上证明了使用网络编码技术可以显著改善信息广播的效率和提高无线网信息服务质量，并且证明了网络编码的能力与客户端缓存规模存在正向影响关系。通过图论的相关概念证明了融合网络编码技术的信息服务最优化问题是可行且有最优解的，并且将信息广播服务的最优化问题转化为图论中求最小团的问题。该网络编码思路为今后的信息服务广播与缓存信息管理优化提供理论指导。

　　研究设计了融合网络编码技术的信息服务方案，包括不同信息需求下的服务广播调度策略设计以及客户端缓存信息管理策略设计。实验证明，与传统信息服务系统相比，融合网络编码技术的信息服务系统可提升服务效率达35%。另外，通过调整数据结构和使用相关剪枝技术，降低所设计的信息调度及缓存管理策略的计算复杂度和空间复杂度，使信息服务方案具有较高的实际应用价值。

　　本书的不足之处在于：首先，关于融合网络编码技术的信息广播服务系统优化问题还缺乏同时考虑服务器端数据调度与客户端缓存管理协同工作的研究。由于网络编码和缓存管理相互依赖，同时研究服务器端网络编码辅助广播策略和客户端缓存管理策略之间的协同作用，以进一步提高整体系统性能是融合网络编码技术的信息广播服务系统的下一个重要研究方向。后续作者将继续对数据调度与缓存管理协同工作的理论建模和算法设计进行研究。其次，本书研究的信息均为等长数据项，以后可增加变长数据项服务优化的研究。再次，车载网络是近年来移动计算信息服务的热点领域，后续将根据车载网络的特点以及信息的特征，对融合网络编码技术的车载网络信息服务系统优化作进一步研究。